Georg Hasler

Blütenstaubwirtschaft

Wenn Dinge zu Daten werden

Print bei epubli.de, Amazon oder im Buchhandel bestellen
Link und free eBook auf www.bluetenstaubwirtschaft.ch
mail@bluetenstaubwirtschaft.ch

ISBN 978-3-7375-5777-1

Inhaltsverzeichnis

Vorwort 1
Spuren lesen 2
Fünf Millionen Feuerzeuge täglich 7
Neunzehnhundertzweiundachtzig 14
Vor elftausend Jahren in Anatolien 21
Die Zwölfmilliarden-Revolutionen 26
Daten sind anders als Dinge 30
Wissen ist anders als Können 35
Teilen ist anders als Tauschen 41
Gemeinsam selbstständig werden 45
Open Source ermöglicht 52
Von der Ampelkreuzung zum Kreisverkehr 56
Geimpfte Zeit 61
Geld verbindet 64
Geld fesselt 74
Menschen sind das, was Automaten nicht sind 82
Ökonomie für Erwachsene 87
Nachwort 93

Vorwort

Die besten und schönsten Geigen sind nicht neu, sondern dreihundert Jahre alt. Von diesem Höhepunkt haben wir uns durch den Fortschritt weit entfernt.

Diese Feststellung war am Ende meiner Lehrzeit als Geigenbauer der Ausgangspunkt meiner Wanderschaft, um mehr über unsere Welt und diese Fortschrittsbewegung zu erfahren. Unterwegs bin ich zu der Ansicht gekommen, dass wir uns in einem grossen Durcheinander befinden. Wir träumen noch von der schönen Welt des alten *Handwerks*, wir verhalten uns brav nach den Regeln der *Industrie*, und wir leben tatsächlich bereits mitten im *Informationszeitalter.* Unsere alten Gewohnheiten, unsere aktuellen Gesetze und die gegenwärtige technische Realität passen nicht mehr zusammen. Ich meine damit zum Beispiel die Statusmeldung einer «städtischen digitalen Bibliothek» die besagt: «Dieses ebook ist zur Zeit ausgeliehen.» Das ist technisch gesehen so absurd, als hätten wir das Rad erfunden, um es auf dem Rücken herumzutragen. Dinge können ausgeliehen, Daten nur kopiert werden. Und das ebook ist kein Ding. Es ist als Datenpaket jederzeit und überall verfügbar.

Mich interessiert die Geschichte, wie es zu diesem Durcheinander gekommen ist, und die Frage, wie wir dieses «Rad» der Digitalisierung richtig nutzen könnten. Blütenstaub gibt einen Hinweis darauf.

Spuren lesen

In der Geigenbauerwerkstatt, früher als ich dort Lehrling war, haben wir uns in die Schönheit guter alter Instrumente versenkt. Der goldene, tiefe Schimmer einer schönen Lackierung sog uns hinein, und der Klang der angespielten Saite rief dieses besondere Kribbeln im Bauch hervor. Wir haben versucht, dem «Konzept» auf die Schliche zu kommen, das grosse Ganze zu ergründen und die Einfachheit der Schönheit zu verstehen.

Die Freude an der Vollendung einer neu gebauten Geige wurde meist schon bald wieder verdrängt durch eine Sinnkrise. Es war frustrierend, so plump und so weit entfernt vom wirklichen «Können» zu sein. Und das wiederum machte mich instinktiv wütend auf unsere analytische, gerasterte Maschinenwelt, die mir entgegenkam, sobald ich aus der Werkstatt trat.

Auf die Wut folgte natürlich wieder Hoffnung. Ich glaubte dann mit neusten Mitteln, ganz anders als alle anderen, und mit höchster Konzentration doch noch gute Geigen bauen zu können. Diese Hoffnung war unbegründet, hatte aber eine Ursache. Wenn man nämlich eine richtig gute alte Geige, zum Beispiel eine von Carlo Bergonzi (1683-1747), in der Hand hält, dann kann das in den Fingern ein elektrisierendes Gefühl erzeugen. Und für dieses Gefühl gibt man alles. Nicht nur Millionen.

Am Ende meiner Lehre konstruierte ich aus Holzplatten eine *mechanische Kopierfräse für Geigen*. Eine solche

Maschine war berechenbar und allein ihr Funktionieren war bereits befriedigend. Natürlich hat sich an den Geigen dadurch nichts verbessert. Es war nur bequemer, mehr davon herzustellen. Vor allem aber hatte meine Position als Maschinenbauer etwas Erhabenes, besonders meinem Lehrmeister gegenüber, denn ich konnte ihm zeigen, dass sich Arbeit auch bequemer erledigen lässt als von Hand.

Es ist ein Genuss, seiner eigenen Maschine bei der Arbeit zuzuschauen und dabei über weitere Verbesserungen nachzudenken. Um dieses Gefühl noch zu steigern, programmierte ich später eine computergesteuerte 3-Achsen-CNC-Fräsmaschine. Es dauerte fast zwei Jahren bis auf diesem Wege wieder Geigen entstanden sind. Dafür ging die Herstellung nun viel schneller, und im Gegensatz zum Kopierfräsen konnte jede einzelne individuell konstruiert werden. Die Daten waren rasch geändert und die Fräsbahnen wurden automatisch neu berechnet. Das einzige Problem dabei war, dass ich mich fast nur noch mit dem Computer beschäftigte und den Blick für das Wesentliche an der Geige verlor. Das war dann auch das Ende der Geschichte. Die Geigen wurden gut, aber nicht besser.

Wo ist das über Jahrtausende entwickelte Handwerk geblieben? Ging es in so kurzer Zeit verloren? War sein Verlust der Preis für dieses angenehme Gefühl, den Maschinen bei der Arbeit zuschauen zu können? War es die Bequemlichkeit wert, dafür das Schöne und Echte zu opfern? Oder ist diese Frage zu naiv? Ist sie vielleicht Teil einer viel grösseren Geschichte? Was für einer Geschichte?

Die Welt meiner Kindheit war der Schrottplatz. Da habe ich gelernt, wie Dinge alt werden und warum sie kaputtgehen. Ich sah, wie der Zahn der Zeit die innere Qualität der Gegenstände erst richtig herausschält, ganz ähnlich wie bei Menschen, wenn sie älter werden. Ich lernte auch, was die Leute unbedingt loswerden wollten, welcher Besitz ihnen peinlich war. Der Schrottplatz ist der Abort der Konsumwelt, der Misthaufen, an dessen Konsistenz auch die Befindlichkeit der Konsumenten erkennbar ist.

Der Schrottplatz wurde zu meiner Geschichtenkiste, voller Dinge, die durch ihre Abnutzungen von sich selbst erzählten, bis eines Tages der Zugang zur Deponie aus Sicherheitsgründen den Kindern versperrt wurde. Da erwachte für mich die ganze Welt zum «Schrottplatz», zur Ablagerung von Leben, und die Menschen darin zu Spurenlesern und Interpreten dieser wundersam komprimierten Informationen.

Während meiner Lehrzeit galt meine grösste Bewunderung den Fälschern. Sie waren nicht nur die besten Spurenleser, sondern konnten mit ihrem Wissen auch perfekte falsche Fährten legen. An neuen Geigen inszenierten sie eine im Prinzip realistische Geschichte, indem sie alles Mögliche, was einem Instrument in dreihundert Jahren widerfahren konnte, im Zeitraffer nachholten. Die Abnutzung beim Spiel, der Wurmfrass, der typische Riss beim Stimmstock, das versehentliche Draufsitzen –

alles musste künstlich erzeugt und danach wieder real repariert werden, um die Spuren echt aussehen zu lassen.

Meine Hochachtung galt nicht dem Betrug, sondern der Fähigkeit guter Fälscher, den «Lauf der Dinge» ganz genau zu studieren und sich dadurch so nah an das Geheimnis der Zeit heranzutasten, dass sie beinahe imstande waren, «Wahrheit» zu erzeugen.

Nebst echten italienischen Geigen gibt es auch echte italienische Cafés. Trotz billiger Stühle und geschmacklosen Dekorationen, gibt es hier eine gute Stimmung, köstliches Gebäck und hervorragenden Espresso. Nicht nur Geigen, auch italienische Cafés können gefälscht werden. Diese sehen dann so aus, wie nicht-italienische Geschäftsleute denken, dass sich Nicht-Italiener italienische Cafés vorstellen. Das Resultat ist kontrolliert mittelmässig und dient bei Geschäftserfolg als Vorlage für weitere Kopien. Rund um den Globus werden Städte dann mit denselben geklonten Cafés und ebensolchen Restaurants, Tankstellen, Kleiderläden und Fitnesscentern abgefüllt.

Kopieren ist praktisch. Die Sache muss nicht jedes Mal neu erfunden werden. Der Preis dafür ist aber hoch. Es fehlt die Seele, denn die Kopie ist viel zu plötzlich da. Es fehlt ihr die Zeit, um zu wachsen, Charakter zu bilden und würdig zu altern. Das gilt für ein Café genauso wie für eine hundertjährige Holzfassade. Beide verbinden sich mit dem Ort und der Zeit und nehmen Spuren von Wind und Wetter oder von Wirten und Gästen in sich auf. Wenn die Seele fehlt, wenn Dinge geschichtslos sind, ist die Welt fad und falsch. Es bleibt der Hunger nach Leben, nach dem guten alten Küchentisch und nach wahrer Schönheit. Und die entsteht nicht ohne echt durchlebte Zeit, ohne Überwindung von Hindernissen, ohne dem Widerstand des Realen und Paradoxen.

Warum konnten die Handwerker früher so gute Geigen bauen, und wir können es heute nicht mehr? Mindestens einmal im Jahr berichten Zeitungen, dass Antonio Stradivaris Geheimnis gelüftet sei. Wissenschaftler hätten herausgefunden, dass sein Holz mit einem speziellen Pilz behandelt worden sei. Oder dass es am flössen des Holzes gelegen habe. Oder dass nun endlich die geometrische Konstruktion des Meisters entschlüsselt worden sei.

Als wissenschaftsgläubige Gesellschaft wünschen wir, dass sich alle Rätsel durch das entsprechende Wissen lösen lassen. Wir bräuchten nur ein ganz bestimmtes Rezept zu kennen – und schon könnten wir wieder gute Geigen bauen. Aber das Rätsel der guten Geigen ist nicht wie ein Puzzle, das mit genügend Geduld, Informationen und systematischer Kombinatorik gelöst werden kann. Der Schlüssel zum Rätsel der guten Geige ist kein Trick, sondern eine Fähigkeit. Und Fähigkeiten sind etwas Gewachsenes, über Generationen weiterentwickeltes, in Hände hineingeübtes Wissen.

Fünf Millionen Feuerzeuge täglich

Von wem, von wo und aus welchem Jahr eine Geige stammt, war in der Werkstatt jeweils die erste Frage an ein altes Instrument. Die Antwort lautete beispielsweise *Carlo Testore, Milano, 1701.* Praktischerweise stand dies bereits auf dem Etikett, das der Erbauer innen auf den Boden des Instrumentes geklebt hatte. Ob es sich dabei um ein echtes handelte, stellte sich als zweite Frage. In raffinierten Fällen war zwar das Etikett echt, dafür aber die Geige falsch – oder umgekehrt. Es war jedenfalls Tradition, diese einmaligen originalen Schöpfungen so zu besiegeln. Original war damals der Normalfall. Jeder Stuhl und jeder Waschlappen war original, weil fast alles jeweils einmalig von einer Person von Hand hergestellt wurde.

Bei einem industriellen Plastikfeuerzeug, Marke *bic*, Farbe *Rot,* ist es die falsche Frage, welches *bic* es denn sei, denn alle sehen genau gleich aus. Es wäre aber absurd, deswegen von Kopien oder gar von Fälschungen zu sprechen, denn solche Feuerzeuge können gar nichts anderes sein als Kopien. Das Original existiert nämlich gar nicht. Im Gegensatz zu einem alten Tisch und seinem Tischler ist beim *bic*-Feuerzeug kein Mensch, kein Feuerzeugmacher da, der das Feuerzeug *gemacht* hat. Da ist nur eine grosse Maschine, und die stellt jeden Tag fünf Millionen Stück *bic*-Feuerzeuge her. Eins wie das andere, seit 1973.

Seit der Zeit der alten Geigen scheint sich grundsätzlich etwas verändert zu haben, denn nicht nur *bic*-Feuerzeuge, sondern fast alle künstlichen Dinge erscheinen nun in grossen Massen. Als Spurenleser stellt sich die Frage nach der *Ursache* dieser Welt voller unzähliger exakt gleicher Dinge, so identisch wie die Abdrücke der Schuhsohlen beim Gehen auf feuchtem Boden. Vielleicht ist die gesuchte Ursache etwas ähnliches, ausser dass der «Schuh“ so raffiniert ist, dass sein Abdruck nicht nur eine Spur in der Erde ergibt, sondern jeder Abdruck gleich ein ganzes Feuerzeug in Plastik hinterlässt.

Schon im Kindergarten hatten wir aus halben Kartoffeln Stempel geschnitten, sie mit Farbe bestrichen und damit Tücher bedruckt. Das war ein mächtiges Gefühl! Einfach aufdrucken und fertig. Keine Kritzeleien mehr. Schöner als von Hand. Ebenso erhaben war auch das Gefühl beim Burgenbauen mit Eimerchen und feuchtem Sand am Strand. Damit konnten runde Türme in einem Schwung, tschagg und fertig, hingepflanzt und ganze Anlagen noch vor der nächsten grossen Welle aufgebaut werden. Und so gab es noch viele andere Tricks, um Dinge «schöner als von Hand» zu machen, vom Schablonenzeichnen über das Weihnachtskekseausstechen bis hin zum Geldstückedurchpausen.

Diese Kindergartenindustrie machte Spass und bereitete bei mir den Boden für die Bewunderung der grossen erwachsenen Männer mit ihren Riesenmaschinen, wie sie zum Beispiel mit einer 250-Tonnen-Presse und einem einzigen kräftigen Wumpf ein flaches Stück Blech in ein halbes Auto umformen konnten. So jedenfalls sah es in einem Fotobuch über «Arbeit» aus, das bei meinen Nachbarn im Bücherregal stets auf mich wartete. Arbeit erschien darin quasi als genial, tschagg und fertig, tschagg und fertig, immer wieder, in riesigen Hallen, in unendlichen Reihen wiederholt. Dieses Bild liess keine Fragen offen. Es war vollkommen einleuchtend, dass die Welt am Ende voller Autos ist.

Wenn ich als Kind auf einen Schrottplatz zulief, strahlte er mir entgegen und hatte einen Ausdruck, den ich lesen konnte. Zwischen den Dingen funkelte es manchmal oder Dumpfheit strahlte heraus. Meine Sinne wurden mit allerlei verschiedenen Wahrnehmungen erfüllt. Ob ein Radio noch funktionierte, spürte ich auf der Zunge. Wenn irgendwo im Haufen eine Antiquität vergraben war, spürte ich ihren Wert durch die leichte Lähmung meiner Oberarme. Und wenn ein Ding genau das richtige Ersatzteil war, das mir für eine Reparatur noch fehlte, hatte ich für einen Moment das Gefühl, ein kleines Stück Metallrohr auf der Stirn zu haben wie ein Einhorn.

Abgesehen von solchen konkreten Äusserungen teilten sich alle Dinge in zwei oder drei Gruppen auf, die sich grundlegend voneinander unterschieden. Entweder hatten Dinge die Ausstrahlung von Bienenwachs, oder sie hatten den Geschmack von Salz. Und selten hatten Dinge die Ausstrahlung von konkretem Nichts, so wie das Gegenteil eines Ballons. Das waren die drei Grundausstrahlungen, wobei die dritte auf dem Schrottplatz höchst selten war und nur an Taschenrechnern oder Computern erschien. Die meisten Dinge, die mich interessierten, etwa Mofas und Radios, hatten den Salzgeschmack. Für die Dinge mit der Bienenwachsausstrahlung interessierte sich meine Nachbarin. Sie war Amerikanerin und versuchte, mit Antiquitäten zu handeln. (Geigen gehörten natürlich auch in diese Gruppe, aber sie interessierten mich damals noch nicht.)

Rückblickend kann ich sagen, dass alle Dinge mit dem Geschmack nach Salz Industrieprodukte waren. Ihr Vorteil bestand darin, dass es niemals Einzelstücke waren, sondern sich exakt die gleichen Dinge öfter finden liessen. Von einem bestimmten Typ Mofa gab es nicht nur eines, sondern viele, und wenn bei einem ein Teil fehlte, brauchte man nur zu warten, bis dieses Teil an einem anderen zu finden war. So konnten mehrere mangelhafte Mofas zu wenigen vollständigen Mofas zusammengebaut werden. Ebenso verhielt es sich mit Plattenspielern, Rasenmähern, Brotschneidemaschinen und Nachttischlampen. Entweder die Teile passten genau zusammen, oder sie passten gar nicht.

Die alten Möbel, Schmiedefeuerhaken oder geflochtenen Körbe, also die Dinge mit der Bienenwachsausstrahlung für meine Nachbarin, waren grundsätzlich anders. Für sie gab es keine fertigen Ersatzteile. Um sie zu restaurieren, musste man das entsprechende Handwerk können. Jeder Millimeter verlangte danach, von Hand berührt, gehobelt, geschnitten, behämmert, gespalten, gezwirnt, gewoben, gestrichen, geschliffen oder poliert zu werden. Jedes handwerkliche Ding war eben das Werk einer Hand, und dahinter stand ein Mensch mit Geduld, Übung, Augenmass und Sachverstand. Jeder Knoten in einem Korb war die eingespielte Bewegung flinker Finger, jeder Schnitt, jeder Hobelstoss der Impuls eines Menschen, und in jedem dieser Impulse lebte eine Seele, die sich auf den Gegenstand übertragen hatte.

Die Form eines industriellen Produktes hingegen stammt nicht von einer geführten Hand, sondern von einer Maschine, einer Pressform oder einer Schablone. Aus den Kartoffelstempeln im Kindergarten, den Siegeln und Holzdruckstöcken früherer Tage entwickelte sich vor über einem halben Jahrtausend die Buchdruckkunst, und daran zeigte sich, wie die künftige Industrie funktionieren sollte: Ein einziger, in sich zusammenpassender Zeichensatz als Vorlage, reichte aus um in einer Kette von Multiplikationen (durch Abgiessen der Vorlage zu vielen Bleilettern) und Kombinationen (durch Zusammensetzen der Bleilettern auf der Druckform) präzise Buchseiten durch Abdruck zu erstellen. Ein Abschreiber hätte Wochen damit verbracht, jeden Buchstaben einzeln durch seine geführten Handbewegungen schön aufzumalen. Der Drucker hatte durch die neue Technik zwar einen hohen Aufwand für das erste Exemplar, mit jeder weiteren Kopie zahlte sich die Startinvestition aber wieder aus. Eine typische Eigenschaft des Industriellen: Je mehr Exemplare vom selben Objekt produziert werden, desto tiefer sinkt der Stückpreis.

Die günstigen Bücher kamen gerade rechtzeitig, denn noch während die Geigen langsam den Höhepunkt ihrer Vollendung erreichten, erwachte ein neuer Geist; ein Geist, der wissen und durchschauen wollte, und der bereit war, bekannte Gebiete zu verlassen, um neue Welten zu entdecken. Die industrielle Revolution hat nicht an einem bestimmten Tag oder aufgrund einer bestimmten Erfindung stattgefunden. Sie hat sich aus diesem Geist heraus entwickelt, der bei allen Erscheinungen die Ratio, die Wurzeln sucht und erst ruht, wenn er die Ursache gefunden und logisch durchdrungen hat.

Diese neue Mentalität der Rationalisierung führte zu vielen kleinen Verbesserungen der Arbeitsvorgänge, und dabei entstanden immer wieder, wie beim Buchdruck, ganze Systeme neu. Auch das Dampfkraft-, Eisenbahn-Sanitär- oder Elektrizitätssystem besteht aus einfachen, kompatiblen Grundelementen, die, genügend oft kopiert und kombiniert, eine ganze Welt erschliessen, bewässern oder beleuchten können.

Die Behauptung des industriellen Zeitgeistes, die Welt und das, was sie zusammenhält, sei durchschaubar und jede Erkenntnis daraus ein anwendbarer Gewinn, löste eine gewaltige Kettenreaktion aus. Jeder Schritt hatte zum Ziel herauszufinden, wie sich mit weniger Arbeitsaufwand mehr herstellen lässt. Zunächst ging es nur darum, ein Buch durch Abdruck etwas raffinierter herzustellen als von Hand. Aber plötzlich eroberte die standardisierte Massenproduktion mittels Kopiermaschinen die Welt und krempelte sie vollkommen um. Unaufhaltsam wurden Burgen, Kirchen und Felder durch Fabriken, Warenhäuser und Autobahnen ersetzt. Und heute stehen wir da und fragen uns, warum wir immer weiter bis ins Grüne fahren oder fliegen müssen, warum wir keine so guten Geigen mehr bauen können und weshalb es von den ehemals Hunderten verschiedener Apfelsorten nur noch wenige zu kaufen gibt.

Die Antwort ist einfach: Weil wir die Dinge nicht mehr einzeln *von Hand erschaffen*, sondern mit grossen *Automaten kopieren*. Das prägende Element ist nicht mehr das *Können* des einzelnen Bauern oder Handwerkers, sondern die *Pressform* der Maschine. Dadurch hat sich etwas zwischen uns und die berührbare Welt geschoben sodass wir ihr nun distanziert und befremdet gegenüberstehen.

Neunzehnhundertzweiundachtzig

Ich war zwölf Jahre alt und wusste vom Schrottplatz, wie Plattenspieler und Radios funktionieren. Da kam mein Bruder und erzählte die unglaubliche Geschichte einer neuen Erfindung: Die Firma Philips hätte eine Art Schallplatte entwickelt, die nicht mehr abgenutzt werden konnte, weil es keine Rillen mehr zum Zerkratzen gab, sondern irgendwie Zahlen in Löchern gespeichert wurden, aus denen dann mit einem Laser wieder Musik erzeugt werden konnte. Das überstieg Neunzehnhundertzweiundachtzig meine Vorstellungskraft.

Schallwellen sind noch etwas Spürbares. Ein leerer Joghurtbecher vibriert beim Hineinsingen. Ich konnte mir vorstellen, was passiert, wenn an eine Membran, die besungen wird, eine spitze Nadel befestigt und diese über eine Wachsplatte gezogen wird. Das ergibt eine holprige Rille wie bei Schallplatten. Wenn das Wachs hart geworden ist und man erneut mit einer Nadel an dieser Rille entlangfährt, ist der Ton wieder leise hörbar, und etwas lauter, wenn zur Nadel noch eine Membran und ein Trichter hinzugefügt werden.

Es ist schlicht ein Wunder, dass schon eine einfache Rille in einer Vinylscheibe ausreicht, um den Klang eines Sinfonieorchesters inklusive Sängerin aufzunehmen und dass man aus dieser Rille immer noch heraushören kann, dass einer der Fagottisten sein Instrument zu tief gestimmt hat. Und es ist unfassbar, was für grosse Gefühle dadurch in uns ausgelöst werden können. Aber praktisch gesehen lag der ganze Vorgang noch immer sinnlich erfahrbar vor mir ausgebreitet, sodass ich die Zusammenhänge auch ohne lange Erklärung, durch reine Beobachtung, verstehen konnte.

Wie jedoch diese holprige Plattenrille und erst recht ein ganzer Orchesterklang in Zahlen umgewandelt werden konnte, war mir unvorstellbar und viel zu abstrakt. Zahlen erschienen mir quadratisch glatt, und wenn überhaupt ein Klang daraus zu machen wäre, stellte ich mir diesen sehr piepsig oder allenfalls ratternd vor. Ich dachte nicht daran, was möglich ist, wenn extrem viele Zahlen verwendet werden, sodass die glatten Quadrate zu verschwindend kleinen Quadrätchen schrumpfen. Ausserdem wollte ich auch nicht glauben, dass diese sinnliche Welt der Trichter und Rillen nicht mehr nötig und einfach durch Zahlen ersetzbar ist.

Später habe ich irgendwann doch verstanden, dass es möglich ist, derart viele Zahlen zu speichern und aus ihnen in rasender Geschwindigkeit wieder ein Strom-Ton-Signal zusammenzusetzen, dass sich wie der Originalton anhört. Und ich konnte mir auch mit der Zeit vorstellen, dass es möglich ist, von einem Tonsignal sozusagen einen «Plan» herzustellen, eine Beschreibung in Zahlenform.

Digitalisieren heisst, von einem Ding, etwa von einem Bild oder einer Schallwelle, einen genauen Plan anzufertigen und diesen Plan nicht auf Papier, sondern in Form von binären Zahlen und Zeichen zu speichern. Es geht darum, beispielsweise über ein Foto ein feines Raster zu legen, jedem dieser Rasterpunkte der Reihe nach einen Farb- und Helligkeitswert zuzuschreiben und diese dann auf einer Liste zu «notieren» – vergleichbar mit der Anleitung zu einem Gobelin-Teppichbild. Auf ähnliche Weise wurden auch Plattenrillen und alles Mögliche gerastert, vermessen, und die Werte in eine Liste geschrieben.

Im Umgang mit solchen Anleitungen und Listen gab es bereits einige Erfahrungen. Seit den Anfängen der Industrialisierung wurden Lochkartensysteme entwickelt, die sowohl Musikautomaten als auch Webmaschinen steuern konnten. Das zugrunde liegende Prinzip ist die Trennung zwischen Maschine und Steuerung. Es sind die Daten, die bestimmen, wie das Produkt der Maschine am Ende aussehen wird. Genau so wie die Daten auf der CD bestimmen, was der Player für Musik erzeugt.

Diese Pläne oder Beschreibungen von Dingen können natürlich unterschiedlich genau gemacht werden. Je nachdem kommen sie dem Vorbild dann mehr oder weniger nahe. Als die Compact Disc eingeführt wurde, gab es viele Diskussionen und Streit über ihre Qualität. Der Klang sei schlechter, metalliger, kühler, bloss oberflächlich. Oder umgekehrt: Der Klang sei viel besser, er sei perfekt. Für alle aber war es schliesslich nichts mehr als wieder eine Scheibe, die zusammen mit einem Abspielgerät Musik hervorbrachte; eine Scheibe, zwar etwas kleiner, aber nicht wesentlich anders als die Schallplatte.

Eigentlich wusste damals niemand so genau, weshalb nun wieder alles neu angeschafft werden musste. So viel besser oder praktischer war es nun auch wieder nicht. Kein Normalverbraucher und nicht einmal die Zukunftsforscher ahnten, was da gerade wirklich vor sich ging. Vielleicht war es ganz ähnlich wie damals, als Gutenberg seine ersten Bücher druckte. Das veränderte die Welt ja auch noch nicht wesentlich. Bücher hatte es vorher schon gegeben. Irgendwann lag dann aber nicht mehr Papier unter der Presse, das zu Büchern wurde, sondern es lagen Bleche unter der Presse, die zu Autos wurden – und das veränderte die Welt dann offensichtlich.

Dasselbe gilt für die Einführung der CD, die wie die Schallplatte Musik machte, bloss anders. Etwas später wurden die Schreibmaschinen ersetzt durch andere Maschinen, auf denen man ebenfalls schreiben konnte, bloss anders. Texte konnten jetzt abgespeichert, verändert und nochmals gedruckt werden. Doch das veränderte die Welt auch noch nicht grundsätzlich. Dann gab es aber plötzlich eine CD, auf der keine Musik gespeichert war, sondern ein Lexikon, das man sich auf der neuen «Schreibmaschine» anschauen konnte. Da begann man schon zu ahnen, dass es sich um eine grössere Veränderung handelte. Kurz darauf kamen die Daten bereits nicht mehr von der CD und die Briefe auch nicht mehr durch die Post, sondern durch die Telefonleitung und bald sogar durch die Luft. Das alles ging zwar sehr schnell, aber gerade noch so langsam, dass sich die meisten daran gewöhnen konnten.

Nur zwanzig Jahre später hat sich die Welt schon deutlicher verändert, denn aus diesen Anfängen hat sich eine Art Zauberstab entwickelt, der alles zugleich kann. Er ist die Plattensammlung, die Stereoanlage, der Fotoapparat, die Filmkamera, die Schreibmaschine, die Hammond-Orgel, das Gesellschaftsspiel, die Post, das Wörterbuch, der Atlas, das Kochbuch, das Kursbuch, das Lexikon, die Zeitung, der Höhenmesser, das Fotoalbum, das Freundschaftsalbum, das Planetarium, die Tarotkarten, das Radio, der Fernseher und das Telefon. Kurzum alles, was sich meine Eltern wünschten, als sie jung waren. Alles, was ein Wohnzimmer von 1970 ausfüllte und wofür in Zeitschriften einzeln geworben wurde. All das, was sich früher zu einem riesigen Konsumvermögen addierte, befindet sich jetzt als ein einziges, kleines Gerät in der Hosentasche.

Das Handy ist der Zauberstab für Nomaden auf Kamelen, für Buschmänner, Teenies, Slumbewohner, Manager und Mütter. Für Jung und Alt ist es zum wichtigsten Ding im Alltagsleben geworden, noch wichtiger als ein Auto, das lange Zeit den ersten Platz auf der Wunschliste weltlicher Dinge eingenommen hatte. Jedenfalls schien das Handy so viele Wünsche zu erfüllen, dass die Motivation gross genug war, um dafür binnen eines Jahrzehnts das weltweit grösste zusammenhängende Infrastruktursystem aufzubauen. Ein gigantisches Projekt. Und die Begeisterung war so gross, dass heute, wie man sagt, mehr Handys als Zahnbürsten im Umlauf sind.

Es ist eine überwältigende Geschichte. Nur ist es unwahrscheinlich, dass sie jemals von Archäologen aufgedeckt werden wird. Seit der Digitalisierung gibt es nämlich ein grundsätzliches Problem: Dinge und Daten, Hardware und Software sind zwei getrennte Sachen. Ohne das eine nützt das andere nichts. Wer kennt nicht das Problem, dass er zwar einen Drucker hat, ihm aber der richtige Treiber dazu fehlt, oder dass der Computer zwar vor ihm steht, das gesuchte Dokument aber einfach verschwunden ist.

Wenn ein Archäologe eine alte Möbelwerkstatt ausgräbt, kann er anhand der gefundenen Werkzeuge verstehen, wie die Möbel entstanden sind. Auch wenn er eine alte Autofabrik aus dem 20. Jahrhundert ausgräbt, wird er aus den gefundenen Maschinen ersehen können, wie in früheren Zeiten Autos gebaut wurden. Findet er hingegen einen Computer, so nützt ihm alles Auseinandernehmen und Verstehenwollen nichts, denn was damit gemacht wurde, ist ohne Software nicht mehr zu ergründen, und diese ist so flüchtig, dass den Archäologen vermutlich nichts davon übrig bleibt, ihnen also der Schlüssel zum Schloss fehlen wird.

Falls doch noch Reste von Daten gefunden werden, bleibt die Frage, wie man sie liest, denn Daten ohne Kenntnis der entsprechenden Sprache, bleiben unverständlich. Man würde womöglich nicht einmal vermuten, dass es sich überhaupt um Daten handelt. Man sähe nur die Hardware und müsste ein gefundenes Handy als eine Art Talisman klassieren, als Beleg eines nicht mehr nachvollziehbaren, aber sehr verbreiteten Kultes.

Durch die Digitalisierung wird die analoge Kette der

Berührungen unterbrochen und die Welt in eine Geheimsprache wegverzaubert. Es ist dem künftigen Archäologen nicht mehr möglich, direkt in sie hineinzusehen. Ohne Schlüssel, ohne Kenntnis der Formatierung bleiben nur noch unverständliche Daten übrig. So zufällig und geheimnisvoll wie das Prasseln des Regens oder das Rauschen des Meeres.

Umgekehrt betrachtet, könnte all das Zufällige, das uns täglich umgibt, ebenso etwas Bedeutsames sein. Nur ist es vielleicht etwas, das wir nicht verstehen können, weil uns der Schlüssel dazu fehlt.

Vor elftausend Jahren in Anatolien

Zwischen Euphrat und Tigris, in einer Landschaft von regelmässig geschwungenen Hügeln aus Fels, Schotter und trockener Erde, gelblich, heiss, mit hellblauem Himmel, erheben sich auf dem Göbekli Tepe zwei Erdkuppen. Sie wurden künstlich aufgeschüttet. Darin vergraben sind steinerne Skulpturen, einige Meter hoch, jeweils eine Gruppe von acht bis zwölf in einem Kreis stehend, zwei etwas grössere leicht ins Kreiszentrum gerückt. Vier solche Kreise wurden in den vergangenen Jahren ausgegraben. Weitere zwanzig werden noch unter der Erde vermutet.

Das Wundersame an der Geschichte ist, dass dieser Ort vor gut elftausend Jahren geschaffen und vor neuntausend Jahren wieder vollständig zugedeckt wurde, eingegraben in eine künstliche Hügelkuppe. So blieb alles unter der Erde verborgen, bis 1994 der Archäologe Klaus Schmidt die Bedeutung des Ortes entdeckte und kurz danach mit der Ausgrabung begann.

Dort zu stehen und die Steine zu betrachten, den Blick über diese seltsame Anlage, über die Hügel und das Tal entlang in die Ferne schweifen zu lassen, wirkt magisch, anziehend, beruhigend, vertraut, unmittelbar und einfach zugleich. Die drei bis fünf Meter hohen Steine in Form von einem T stellen Menschengestalten dar. Auf den Steinen sind Reliefs und Skulpturen von Ebern, Füchsen, Salamandern, Spinnen und anderen Tieren zu sehen – wunderschön! Die Arbeiten strahlen jenes überzeugende Gefühl aus, dass diejenigen, die hier am Werk waren, ganz genau wussten, was sie taten, und zu einer präzisen Umsetzung fähig waren. Der gesamte Hügel mit seinen zwei Armen fühlt sich als Ort – obwohl da nichts als Steine sind – auch heute noch ganz lebendig und wach an. Es lag eine kosmopolitische Stimmung in der Luft wie auf einem Campus. Man kann sich leicht ausmalen, wie hier regelmässig Tausende von Menschen zusammenfanden, um irgendetwas ganz Wesentliches zu veranstalten.

Der Blick auf diese frisch ausgepackte Tempelanlage aus der Steinzeit, hinein in eine Zeit, in der die gesamte Weltbevölkerung aus fünf Millionen Menschen bestand, zeigt nichts, was einen überlebensnotwendigen Grund hätte. Alles Sichtbare an diesem Ort sind Symbole und Abbildungen. Es sind keine Nestbauten, Werkstätten, Jagdfallen oder Nahrungslager. Es ist im praktischen Sinne alles völlig zwecklos und rein symbolischer Natur. Solange wir als Betrachter nicht versuchen, etwas zu verstehen, strahlt die Anlage durch den Eindruck der Vollkommenheit eine unmittelbare Verständlichkeit aus und erzeugte zugleich ein grosses Gefühl der Bedeutsamkeit.

Ausgerüstet mit Kohle, Rötel und Fackeln stiegen Menschen bereits zwanzigtausend Jahre zuvor tief in dunkle Höhlen, in eine stille, vom Tageslicht abgewendete Innenwelt. Dort schufen sie aus dem inneren Erleben die Aussenwelt in Bildern nach. Die bekannten Höhlenmalereien aus dieser Zeit, zum Beispiel jene aus der Chauvet-Höhle in Südfrankreich, zeigen Zeichnungen ganzer Tierherden, Bilder, die in ihrer lebendigen Art verwandt sind mit den Reliefs auf den Steinen von Göbekli Tepe.

Was uns dabei als selbstverständlich erscheint, ist das Bemerkenswerteste überhaupt: In den Höhlen waren nicht die lebenden Tiere selber, sondern nur Bilder von lebenden Tieren! Der Kern des Menschseins ist vielleicht genau diese «verrückte» Bewusstseinsmöglichkeit, von der unmittelbaren Welt durch einige Kohlestriche ein Abbild zu schaffen und darin wieder die Welt zu erkennen, ohne dabei zu vergessen, dass es Kohlestriche sind. Damit verbindet sich die Innen- mit der Aussenwelt, und es ist äusserst bemerkenswert, dass auch kleine Kinder, parallel zur Entwicklung ihrer Sprachfähigkeit, einen innigen Drang zum Zeichnen haben.

Wenn wir damit beginnen, die Welt in Bildern aus einfachen Strichen zu erkennen oder durch ein gesprochenes Wort im Geist etwas herbeizuzaubern, was physisch gar nicht da ist, dann wird die Welt auf einmal riesengross, denn ganz viel Abwesendes kann in Form von Wörtern und Bildern plötzlich anwesend gemacht werden. Das ist magisch. Die Welt der körperlichen Erfahrung wird bewusst erweitert durch die Welt der geistigen Erfahrung, und erst auf diese Weise entsteht eine Spannung, welche die starke Verdichtung und Beschleunigung unserer Entwicklung zu erzeugen vermag. In Gedanken lassen sich Berge versetzen, die wir niemals versetzt hätten.

Tatsache ist, dass zu Beginn der Aktivitäten rund um diesen Steinzeittempel, also vor elftausend Jahren, weit und breit noch keine Siedlungen und keine Sesshaftigkeit existierten, nirgends auf der ganzen Welt. Keine Getreidefelder, keine Haustiere, keine festen Wohnstätten. Zweitausend Jahre später wurde der Ort mit grossem Aufwand wieder gänzlich zugedeckt von einer Gesellschaft, die inzwischen in der unmittelbaren Umgebung erstmals sesshaftes Leben entwickelt hatte.

Göbekli Tepe scheint also der Ort zu sein, an dem die neolithische Revolution ihren Anfang nahm, und es scheint auch so zu sein, dass die ersten festen Bauten der Menschheit keine Dörfer, Städte oder Festungen, sondern Kultbauten waren. Klaus Schmidt fasst es in einem Satz zusammen: «Zuerst kam der Tempel, dann die Stadt.» Dieses Forschungsresultat ändert unsere Geschichtsvorstellung grundlegend. Tempel sind demnach nicht ein Luxus, den sich eine gefestigte Siedlung leisten konnte, sondern vielmehr scheint der Bau von Tempeln ursächlich zur Bildung von sesshaften Strukturen geführt zu haben.

Die logistischen Anforderungen dieses Riesenprojektes, dieses Delphis der Steinzeit, hatten die Entwicklung der Landwirtschaft zur Folge. Durch die Versammlung so vieler Menschen über längere Zeit an einem Ort war die Umgebung schnell leergejagt. Die Menschen hätten weiterziehen und sich über viel weitere Gebiete verteilen müssen. Wollte man den Betrieb dieser Tempelanlage nicht aufgeben, musste eine Lösung gefunden werden für die Ernährung jener mindestens tausend Menschen, die dort permanent anwesend waren. Mit diesem Schritt traten die Menschen nach hunderttausenden von Jahren aus dem Strom der Natur heraus und begannen an einem festen Standort ihre Umgebung zu hegen und zu pflegen.

Dieser gewaltige Schritt ins Unbekannte ist der Beginn unserer Kulturgeschichte, der Geschichte, die in unserer Vorstellung auf die Vertreibung aus dem Paradies folgte. Auf dem Göbekli Tepe wurde mir bewusst, wie jung und zerbrechlich diese Geschichte ist.

Die Zwölfmilliarden-Revolutionen

Während Hunderttausenden von Jahren hat man sich das Lebensnotwendige mit viel Wissen und Geschick von der Natur angeeignet. Es muss für die Menschen eine unvorstellbar grosse Veränderung gewesen sein, aus dem Fluss der Natur herauszutreten, um sich an einem festen Ort einzurichten. Dadurch mussten viele bewährte Begriffe losgelassen und bis dahin Undenkbares neu gefunden und angenommen werden. Es ist gut möglich, dass in diesem Prozess kultische Einrichtungen, wie sie auf dem Göbekli Tepe gefunden wurden, eine wichtige Rolle gespielt haben.

In den folgenden Jahrtausenden entstanden Siedlungen, Felder mit Bewässerungsanlagen und die ersten Städte. Die Landwirtschaft ermöglichte die Erweiterung der Gemeinschaft von vielleicht hundert auf mehrere Tausend Personen und machte dadurch eine weitergehende Arbeitsteilung möglich. Alles, was folgte – Staatsorganisation, Landrechte, Wasserrechte, Beamtentum, Soldaten, kunstvolles Handwerk, Austausch und Märkte, Händler, Priester und Gelehrte, Festungen, antike Millionenmetropolen –, all das wurde möglich, weil eine uralte, lang bewährte Welt in zwei, drei Jahrtausenden aufgegeben und durch eine radikal andere, bis dahin gänzlich unbekannte ersetzt wurde.

Auch dieses neu entstandene System – die Welt der Handwerker und Bauern, der Städte und Händler, auf deren Höhepunkt die besten Geigen gebaut wurden –

bewährte sich nicht für die Ewigkeit, sondern endete nach zehntausend Jahren durch die industrielle Revolution. Danach brauchte es nur noch zwei, drei Jahrhunderte, um wieder eine neue Welt voller autofahrender Angestellter hervorzubringen.

Seit zwei, drei Jahrzehnten erleben wir nun die digitale Revolution, und mir scheint, dass es nicht nur eine weitere technische Erneuerung im Rahmen der bestehenden Industriegesellschaft ist. Ich glaube vielmehr, dass es genauso wie die neolithische und die industrielle Revolution eine echte Revolution ist, weil sich durch die Digitalisierung das Verhältnis zu der Dingwelt erneut so grundlegend verändert hat, dass es dringend nötig ist, über die Konsequenzen nachzudenken.

Beim Lesen eines Buches über die Bevölkerungsentwicklung ist mir ein Muster aufgefallen, aus dem sich eine schöne, wenn auch etwas kühne These ableiten lässt. Es geht dabei mehr um ein Prinzip, weniger um genaue Zahlen: Anscheinend beschleunigt sich der Rhythmus der Revolutionen (neolithische, industrielle, digitale) exponentiell. Das ist mit Blick auf die Bevölkerungsentwicklung möglicherweise aber gar nicht so verwunderlich. Wenn nämlich nicht die Zahl der Jahre oder Generationen als Massstab für Entwicklungsabschnitte genommen wird, sondern die Anzahl gelebter Leben, dann werden die rund zehntausend Jahre Agrar- und Handwerksgesellschaft vergleichbar mit der zeitlich viel kürzeren Epoche von rund zweihundert Jahren Industriegesellschaft. In beiden Zeitabschnitten wurden etwa zwölf Milliarden Leben gelebt. Da liegt die Vermutung nahe, dass es bereits wieder Zeit für eine Revolution ist.

Ein einfaches Muster der Menschheitsgeschichte könnte demzufolge so beschrieben werden: Jedes Mal, wenn sich wieder zwölf Milliarden Menschenleben auf Erden ereignet haben, gibt es eine Revolution, die relativ plötzlich ein neues System, eine neue Art des Zusammenspiels hervorbringt.

Jedes System ist ein zusammenhängendes Ganzes und wird jeweils geprägt durch die primäre technische Methode und das dazugehörende «Kapital». Der Reihe nach könnten diese Systeme so bezeichnet werden:

1. *Aneignen* von der *Natur*
2. *Bauen* durch *Menschen*
3. *Kopieren* durch *Maschinen*
4. *Generieren* durch *Daten.*

Mit der Informations- und Dienstleistungsgesellschaft entwickeln wir also zum vierten Mal eine grundsätzlich neue Art zu leben und benutzen zum vierten Mal eine neue Sorte Kapital, nämlich Daten.

Die Weltgeschichte ist natürlich nicht so kurz und einfach. Sie ist aber auch nicht unendlich lang, sondern endlich, begrenzt und zumindest ein Stück weit beschreibbar. Es ist eine Geschichte über Befruchtung, Verdichtung und Beschleunigung, über Revolutionen und Systemwechsel, provoziert durch die Grenzen der Umwelt und ausgelöst durch Innovationen.

Wir leben gegenwärtig mit den Regeln und Gewohnheiten der Industriegesellschaft bereits mitten in der nächsten Phase, in der Informationsgesellschaft. Vieles passt folglich nicht mehr zusammen, denn Informationen haben ganz andere Eigenschaften als Industriemaschinen, besonders was ihre Vermehrung betrifft.

Daten sind anders als Dinge

Wenn Dinge geteilt werden, sind sie in der Regel danach kaputt oder nur noch halb so gross. Man kann sie höchstens in Teile zerlegen, falls das geht, oder hintereinander benutzen. Dinge eignen sich daher zum Besitzen und Tauschen. Daten und Ideen hingegen vermehren sich automatisch beim Teilen. Sie gehen dabei auch nicht kaputt. Im Gegenteil. Sie gewinnen an Wert und Qualität, weil sie geprüft, ergänzt und weiterkombiniert werden.

Auch wenn, aller Digitalisierung zum Trotz, wichtige, lebensnotwendige Dinge wie das Essen, unsere Kleider, Gebäude, Verbandsmaterial und vieles andere nach wie vor eben Dinge und nicht Daten sind, hat sich heute etwas Grundlegendes geändert. Um all dies herzustellen, braucht es im Gegensatz zu früher immer weniger Arbeitszeit und stattdessen immer mehr Informationen und gute Ideen. Mit ihnen können wir immer raffinierter die Kräfte der Natur so dirigieren, dass dabei all die Dinge entstehen, die wir zum Leben brauchen. Deshalb sind nicht mehr die Dinge selbst, sondern die Daten das Lebensnotwendigste.

Zwischen einem *Stuhl* und einer *Idee*, zum Beispiel der *Idee, wie man einen Stuhl baut*, gibt es einen grundsätzlichen Unterschied: Auf einem Stuhl kann zur gleichen Zeit nur eine Person sitzen. Eine bestimmte Idee können beliebig viele Personen gleichzeitig denken und anwenden. Es liegt in der Natur der Sache, dass ein Stuhl nur einen Besitzer haben kann und es deswegen zu Streit käme, wenn mehrere Personen gleichzeitig behaupteten, dies sei ihr Stuhl. Bei einer Idee braucht es diesen Streit natürlicherweise nicht, denn physisch fehlt niemandem etwas, wenn dieselbe Idee von allen gleichzeitig genutzt wird.

Das industrielle Geschäftsmodell braucht «Dinge» um zu funktionieren. Auch die 713'547ste Kopie gibt es nur einmal und sie kann somit stückweise gehandelt werden. Bei Ideen, Plänen, Rezepten und Erfindungen funktioniert das von Natur aus nicht. Es wäre ja offensichtlich eine absurde Behauptung, dass es von einer bestimmten Idee, etwa vom «Trick» des schriftlichen Multiplizierens oder dem Rezept für einen Schokoladenkuchen nur genau so und so viele «Exemplare» gäbe.

Bisher wird dieses «Problem» gelöst, indem man aus unbegrenzt vorhandenen Daten und Ideen imaginäre «Dinge» macht, die wiederum als einzelne Kopien, als Lizenzen verkauft werden können. Software wird dann in schöne Kartonschachteln verpackt und mit Echtheitskleber versehen. Auf diese Weise wird suggeriert, dass es so etwas Ähnliches wie ein Haushaltsmixer sei und aufgrund der Leistung auch mindestens so viel kosten müsse. Ebenso werden Formeln für Medikamente patentiert und stückzahlabhängig an Hersteller lizenziert, oder Musikkompositionen werden geschützt, um das Aufführungsrecht einzeln an die Veranstalter zu verkaufen.

In Patente, Rezepte und Programme oder in Rechte an Filmen wird noch immer auf die genau gleiche Art investiert wie in Industriemaschinen. Die Investitionskosten einer Schraubenstanzmaschine werden auf die einzelnen Schrauben aufgeteilt, und aus dieser Gewohnheit heraus wird gedacht, man könne die Programmierkosten auf die einzelnen Lizenzen aufteilen oder die Kompositionskosten durch die Summe der einzelnen Aufführungen wieder einkassieren. Weil Daten aber keine Dinge sind, weil Ideen und Programme nicht wie Schrauben stückweise existieren, kann nur ein Gebrauchsverbot daraus ein künstliches Stückgut machen. Um dieses Modell durchzusetzen, braucht es immer mehr Anwälte und immer härtere Strafen.

Ohne eine Schallplatte, ohne dieses Ding, auch wenn es die millionste Kopie war, gab es früher keine Musik. Also musste sie gekauft werden, wodurch ein Geldfluss einsetzte, der im besten Fall sogar die Musiker selbst erreichte. Dann verwandelte sich dieses Musik-Ding in Musik-Daten, sodass es heute im Prinzip jede Musikaufnahme immer und überall gibt. Der einzige Weg, daraus Stückgut zu machen, ist ein gesetzliches Verbot, sich diese Musik anzuhören. Die sinnliche Freude am Kauf einer Schallplatte wurde abgelöst durch ein Verbot, die Musik zu hören, wenn nicht dafür bezahlt wird.

Die alten Gewohnheiten sind so stark, dass noch immer von einer Musikindustrie gesprochen wird, obwohl es sich tatsächlich um eine Tonträgerindustrie gehandelt hat, die jetzt logischerweise gemeinsam mit ihrem Produkt vom Verschwinden bedroht ist. Es sind erst zehn Jahre vergangen, seit die Digitalisierung aus exklusiven

Dingen allgegenwärtige Daten gemacht hat und damit das bestehende System in Frage stellte. Die Konsumenten haben sich in dieser kurzen Zeit schon weitgehend angepasst und geniessen die neue Datenluft, die Alles-überall-gratis-Welt. Sie stellen sich kaum vor, was das in manchen Urhebern für eine Wut auslösen kann, denn im Gegensatz zu den technischen Möglichkeiten des Konsumenten haben sich die praktischen Bedingungen für den Urheber noch nicht verändert. Und hier entstehen Fragen: *Wo bleibt die Wertschätzung, wo die Gegenleistung? Wovon sollen Erfinder leben? Wer wird noch forschen, wenn daraus kein direkter wirtschaftlicher Vorteil entsteht? Soll einfach jeder all die Früchte jahrelanger Arbeit sekundenschnell herunterladen und davon zehren können?*

Unser gesamtes Rechts-, Eigentums- und Einkommenssystem wurde im Lauf der letzten Jahrhunderte auf der Produktion und dem Handel von endlichen, eigentumsfähigen Dingen aufgebaut. Talent, Produktion, Verkauf, Erfolg, Einkommen und Wertschätzung bilden einen festen Tauschkreis, der seinen inneren Zusammenhalt in dieser Form verliert, wenn aus technischen Gründen nicht mehr getauscht, sondern schrankenlos geteilt wird, wenn nicht mehr Schallplatten verkauft, sondern überall Musik-Daten kopiert werden.

Der Zerfall der Ding-Ökonomie wirkt bedrohlich und führt oft zu polemischen Diskussionen. Aus verschiedensten Perspektiven wird um Respekt, Gerechtigkeit und Freiheit gerungen, und man spürt dabei, dass es um tiefe, grundsätzliche Fragen geht. Schliesslich hängt nicht nur ein gewohntes Industriegeschäft und ein mögliches Einkommen der Urheber an diesen Fragen. Ebenso geht es um die Befürchtung, dass bei der Übertragung der Eigentumsgewohnheiten aus der Dingwelt in die Welt der Ideen und Daten das Wichtigste verloren geht, nämlich die Fruchtbarkeit der Kultur. Stellen wir uns nur einmal vor, unsere Vorfahren hätten das Brotbacken patentiert!

Wissen ist anders als Können

Seit der Kindheit ist mir vertraut, dass viele lustige Spiele darin bestehen, eine Gruppe in zwei zu teilen und voreinander Geheimnisse zu haben. Versteckspielen ist sinnlos, wenn man vorher sagt, wo man sich verstecken wird. Viele Spiele, oftmals Kartenspiele, sind gar nicht spielbar ohne Geheimhaltung der eigenen Karten und Absichten. Alle diese Spiele funktionieren aber nur dann, wenn sie auf einem gemeinsamen Wissen aufbauen, wenn der Kartensatz und die Spielregeln bekannt sind oder wenn beim Versteckspielen abgemacht wird, in welchem Gebiet man sich verstecken darf. Dieses Wissen muss gemeinsam vorhanden sein. Der geheime Teil bezieht sich nur darauf, wie man dieses Wissen anwenden, was für eine Strategie man wählen oder wo genau man sich verstecken wird. Wenn nur ein Teil der Spieler weiss, dass es ausnahmsweise fünf Asse unter den Karten gibt, oder wenn nur die einen den Schlüssel zu einem bestimmten Versteck besitzen, wird das Spielen sinnlos, enttäuschend und unfair. Es wird keinen Gewinner geben. Es wird nur diejenigen geben, die mehr wussten, und die anderen, die ihnen ausgeliefert sind. Das fühlt sich nicht nach Wettbewerb, sondern nach Gewalt an.

Ich glaubte als Kind nicht, dass solch unfaire Spielformen unter Erwachsenen gang und gäbe sind. Wenn ich Fragen stellte, freuten sie sich normalerweise über mein Interesse an der Welt und zeigten mir gern, was sie darüber wussten. Das war besonders bei Besuchern der Fall, die selbst keine Kinder hatten. Aber von eben einem solchen Besucher, er war Lüftungsingenieur, erhielt ich eines Tages auf eine interessante Frage zur Technik nur die Antwort, dass er mir das nicht sagen könne, da es Berufsgeheimnis sei. Er sagte dies mit Stolz und Würde, denn er war Geheimnisträger in einer Gruppe Verbündeter, er war eingeweiht, er durfte seine Firma nicht verraten. Anscheinend hing ihre Existenz davon ab, dass sie ihr Wissen *nicht* teilten. Die Vorstellung, dass erwachsene Menschen sich gegenseitig ihr Wissen vorenthalten, damit sie mit ungleichen Spiessen kämpfen können, war eine Enttäuschung für mich.

Vor bald zweieinhalbtausend Jahren erklärte der Staatsmann Perikles das Selbstverständnis der Athener mit den Worten: «Wir unterscheiden uns auch in unseren Vorbereitungen auf den Krieg von unseren Gegnern. Wir öffnen nämlich allen den Zutritt zu unserer Stadt und suchen nicht gelegentlich durch Ausweisung von Fremden jemanden daran zu hindern, etwas zu lernen oder zu sehen, wovon, wenn es nicht verheimlicht wird, einer unserer Feinde Nutzen ziehen könnte; denn wir vertrauen weniger auf Vorbereitungen und Heimlichkeiten als auf unseren eigenen Mut im Augenblick des Kampfes.»

Das war die Stimmung, mit der wir zur Schule gingen, damit wir uns zu mündigen Erwachsenen entwickeln konnten. Jeder, der sich interessierte, sollte wissen dürfen und sein Wissen anwenden können. Dazu haben alle Menschen das gleiche Recht. Im Gegensatz zum Handeln ist das Denken frei. Der Einzelne zeichnet sich nicht dadurch aus, dass er irgendein geheimes Wissen hat, sondern dadurch, dass er mit diesem Wissen etwas anzufangen weiss, es kombinieren und weiterentwickeln kann und den Mut aufbringt, es im richtigen Moment einzusetzen.

Aber ausgerechnet heute, wo durch die Digitalisierung und das Internet alle Bibliotheken der Welt, das gesamte kulturelle Erbe an Bild- und Tonmaterial, alle Kompositionen, Forschungsresultate, sämtliche Diplom- und Doktorarbeiten bis zum spezialisiertesten Fachwissen weltweit mit geringstem Aufwand zugänglich wären; ausgerechnet jetzt, wo die Bildung neuen Wissens dringend benötigt würde, um die grossen Probleme der Welt anzugehen, wird dieses Wissen weggepackt und hinter Eigentumsrechten versteckt. Es muss dafür bezahlt werden oder es wird gänzlich geheim gehalten. Es darf nicht angewendet werden, weil es patentiert ist, oder es kann aus Staatsicherheitsgründen schon gar nicht publiziert werden.

Unter diesen Umständen wandelt sich die Freude am Mitspielen in Frustration, weil es rein praktisch nicht möglich ist, auf demselben Informationsstand zu sein wie die Mitspieler. Dieselben Parlamente und Regierungen, die in den letzten Jahrzehnten Handelsschranken abbauten, um das Spielfeld zu erweitern, schafften durch immer umfassendere Rechtsmöglichkeiten an «geistigem Eigentum» neue Handlungs- und Mitspielschranken.

Während meiner Geigenbauerlehrzeit wurde das hundertjährige Archiv der Firma W. E. Hill & Sons mit Daten und Bildern unzähliger wertvoller Instrumenten verkauft. Es wurde nicht veröffentlicht, sondern für sehr viel Geld versteigert. Der neue Eigentümer kann mit diesem gekauften Wissen inzwischen nicht nur bestimmen, welche Instrumente echt oder falsch sind, er kann auch alle anderen Interessierten daran hindern, dies zu überprüfen. Er hat also tatsächlich die Wahrheit für sich gepachtet und verkauft sie an Kunden und Versicherungen.

Das ist nicht so schlimm, denn das Leben der allermeisten Menschen hängt nicht davon ab, ob eine bestimmte Geige echt oder falsch ist. Was aber, wenn es sich nicht bloss um Daten von Geigen handelt, sondern um wichtige Daten aus der Biologie, Physik, der Wirtschaft oder um Daten aus der Geschichte? Es geht nicht nur um den Fall, dass jemand sein Wissen oder sein Archiv nicht preisgeben will. Es geht auch um den umgekehrten Fall, in dem das Publizieren von bestimmtem Wissen unter Strafe gestellt wird. Zwar scheint es einleuchtend, dass die Publikation von Atombombenbastelanleitungen verboten ist, die Konsequenz daraus ist aber, dass die Welt dadurch per Gewalt in Wissende und Nicht-Wissende gespalten wird. Wissen ist dann nicht mehr eine Sache der Bildung, sondern ein Machtinstrument. In welchen Händen nun dieses Machtinstrument liegt, lässt sich gar nicht mehr wissen, da es geheim ist. Und für alles, was nicht geheim gehalten werden kann, gibt es neuerdings die effiziente Möglichkeit, es ganz einfach in der Informationsflut zu ertränken und wie eine Nadel im Heuhaufen zu verstecken.

Am bedrohlichsten scheint mir aber, dass in den vergangenen Jahrzehnten Gesetze geschaffen wurden, durch die nicht nur Erfindungen, sondern auch Entdeckungen patentiert werden können. Patente auf DNA-Sequenzen oder Softwarepatente bedeuten, dass vorgefundene Lebensformen oder entdeckte Algorithmen patentiert und somit der Allgemeinheit entzogen werden können. Das hinterlässt zumindest bei mir eine Art Sprachlosigkeit, die ich sonst nur angesichts von Gewaltakten empfinde.

In der Handwerkszeit wurde das meiste relevante Wissen durch Traditionen bewahrt, geübt und weitergegeben. Das Wissen war sozusagen an die Hände gebunden und hatte wenig mit Eigentum zu tun. Wissen, wie man einen Stuhl zimmerte, war schliesslich nur das eine. Tatsächlich fähig zu sein, mit dem Hobel und der Säge einen Stuhl zu zimmern, war das andere. Das forderte nicht nur Wissen, sondern Können, und diese Fähigkeit ist von Natur aus exklusiv.

Durch die Industrialisierung löste sich das Wissen aus den Händen heraus und wurde auf Schablonen und Maschinen übertragen. Eine Handbügelsäge ist ein einfaches Werkzeug. Sie zu schleifen und exakt zu führen, ist hingegen eine hohe Kunst. Eine künstlich angetriebene Kreissäge mit einer Führungsschiene ist exakter, leistet mehr und verlangt viel weniger Können, um sie zu bedienen. Sie zu bauen ist jedoch kompliziert und teuer. Das Können des Handwerkers hat sich also verschoben zugunsten der Raffinesse der Maschine, die wiederum das Kapital ihres Besitzers ausmacht.

Durch die Digitalisierung löst sich das Wissen schlagartig von der Dingwelt ab. Die immerhin noch physischen und daher schwerfälligen Schablonen werden ersetzt durch Daten, die sich quasi ohne Aufwand kopieren lassen. Aus technischer Sicht hat sich spätestens mit diesem Schritt die Exklusivität der für die Produktion nötigen Mittel aufgelöst. Das Wissen liegt nicht mehr in den Händen des Handwerkers, und es findet sich auch nicht mehr in den Schablonen des Fabrikbesitzers. Es existiert in Form äusserst leicht zu transportierender, zu lagernder und in Millisekunden nachzubauender Daten für jedermann bereit. Wer etwas mit dem Wissen anfangen will, kann dies jederzeit tun. Falls es nicht verboten ist.

Teilen ist anders als Tauschen

Wahrscheinlich tun das die meisten Kinder irgendwann: Sie zerdrücken Käfer oder Fliegen, zupfen ihnen die Flügel aus oder ertränken sie im Wasser, und schauen, was passiert. Solange sich noch etwas bewegt, hält die Spannung an. Wenn sich nichts mehr tut, stellt sich ein etwas flaues und enttäuschtes Gefühl ein, denn das Leben ist dahin, man hat es zerstört, weil man das Ganze in Teile zerlegen und auseinandernehmen wollte. Der eigentliche Untersuchungsgegenstand verschwindet, und übrig bleibt nur etwas Feuchtes, je nachdem zähes oder glitschiges Material, mit dem nichts mehr anzufangen ist.

Das Lebendige scheint es nur als Ganzes zu geben. Einzelne Teile sind ein Nichts, wenn sie nicht in einem grösseren Ganzen mit anderen Elementen zusammengehalten werden und spielen können. Das Zusammenspiel, die Polarität von Abgrenzen und Verbinden, scheint alles zu sein. Jede Bakterie, jede Zelle, jede Pflanze und jedes Tier, jeder Baum und jeder Wald ist sowohl eine Einheit für sich als auch Teil eines grösseren Ganzen, das wiederum Teil eines noch grösseren Systems ist. Zusammen ergibt sich eine bunte, fliessende Welt, deren Elemente sich laufend gegenseitig beeinflussen, sich permanent in Austausch befinden, vermehren, verwandeln und erproben, von der kleinsten Zelle bis zum grössten Urwald, vom kleinsten Atom bis zum umfassenden Kosmos. Nichts lebt für sich allein. Alles steht mit allem durch Austauschen und durch Mitteilen in Verbindung.

Energien und Stoffe müssen möglichst *sorgfältig getauscht* werden, denn sie sind nur *begrenzt* vorhanden. Aus dieser Endlichkeit heraus entwickelt sich zwischen Sonne und Erde, irgendwo im Feuchten und Luftigen, der äusserst raffinierte Austausch zwischen Milliarden verschiedener Lebewesen. Dabei entstehen, gerade *wegen* der Knappheit, durch Differenzieren und Verbinden, die schönsten oder auch schauerlichsten lebendigen Formen in schier unendlicher Variation. Und diese *Formenvielfalt* wird durch Fortpflanzung und Nachahmung möglichst *unbegrenzt geteilt,* kopiert, kombiniert, verändert, angepasst, geprüft und weiterkopiert. Die Lebendigkeit würde umgehend erliegen, wenn die Weitergabe dieser Informationen kostenpflichtig wäre. Leben heisst also einerseits, Stoffe und Energien möglichst sorgfältig zu tauschen, und andererseits, Formen und Ideen möglichst grosszügig zu teilen. Der Blütenstaub ist symbolisch dafür: Durch ein einziges Gramm wird die Information der Mutterpflanze über hundert Millionen Mal verbreitet. Stoffe sorgfältig tauschen, Ideen grosszügig teilen: Das ist die Ökonomie der Blütenstaubwirtschaft.

Gegenwärtig handeln wir tendenziell umgekehrt: Auf der einen Seite ist der Austausch der Stoffe und Energien verschwenderisch kurzsichtig, auf der anderen Seite wird der Informationsfluss durch Eigentumsvorstellungen abgebremst. Im Bereich der Stoffe und Energien ergibt Eigentum Sinn, damit ein möglichst sorgfältiger und ertragreicher Austausch stattfinden kann. Informationen können hingegen nicht getauscht, sondern nur geteilt werden. Wenn sie zu Eigentum gemacht werden und für sie ein Gegenwert aus der Stoff- und Energiewelt verlangt wird, gerät nicht nur der Informationsfluss ins Stocken, sondern auch die Stoff- und Energiebilanz durcheinander.

Der Ursprung dieses Durcheinanders, der Grund für den Satz «Das ist aber meine Idee», muss mit unserem gegenwärtigen Selbstbewusstsein zu tun haben, denn diesen Satz gibt es nicht in allen Kulturen, und es gab ihn nicht zu allen Zeiten. Dieser Ausdruck von Selbstbehauptung und Verlustangst zeigt uns als Einzelne, abgetrennt von unserer Gattung, jeder sozusagen eine Gattung für sich, einsam auf der Suche nach Sicherheit, bedroht vom individuellen Aussterben und unfähig, sich dem Fluss des Lebens hinzugeben.

Geliebt und geachtet zu werden ist zwar das höchste Glück, zugleich aber eine unsichere Angelegenheit. Es ist abhängig von anderen. Der sicherere Weg scheint es zu sein, alle anderen von einem selbst abhängig zu machen. So werden sie zu meiner Wertschätzung gezwungen, denn andernfalls gehen sie leer aus. Je mehr jemand besitzt und zurückhält, desto mehr muss man ihm zahlen, damit er es herausgibt, und umso höher schätzt er den eigenen Selbstwert ein. Aus diesem Grund werden schon die einfachsten Tipps unter Berufskollegen zurückgehalten, in der Hoffnung, dadurch für andere als Tauschpartner von höherem Wert zu sein. Es wäre zwar schön, sein Wissen zu teilen, aber die Angst, dafür nicht die richtige Wertschätzung als Gegenleistung zu erhalten, ist grösser. Man will zwar der Gute sein, aber auf keinen Fall der Dumme.

Wissen ist Macht. Wer über die Baupläne der Welt verfügt, kann Sicherheit anbieten, und wer in diesem unsicheren Leben Absicherung verspricht, kann einen hohen Preis für seine Versprechen verlangen. Das scheint soweit natürlich. Doch angenommen, wir wären zusammen auf einer Bergtour. Einer der Gruppe wäre Eigentümer einer guten Landkarte, ein anderer wäre der erfahrenste Berggänger. Wer sollte nun die Führung übernehmen? Offensichtlich wäre es die beste Lösung, wenn das Wissen, also das Kartenmaterial, allen zur Verfügung stünde, damit nicht das Eigentum an Wissen, sondern die Fähigkeiten der Einzelnen über die Zukunft entscheiden könnten. In einer dramatischen Wettersituation in den Bergen, welche die ganze Gruppe in Gefahr brächte, käme diese Lösung aus unmittelbarer Einsicht vermutlich rasch zustande. In weniger bedrohlichen Situationen, also im normalen Leben, klammert sich der Kartenbesitzer jedoch an sein vermeintliches Eigentum und malt sich aus, wie viel ihm die Zulassung jedes einzelnen fremden Blicks in seine Karte einbringen und um wie viel dadurch sein eigener Wert steigen würde.

Gemeinsam selbstständig werden

Wikipedia ist ein Spiel mit dem Ziel «Enzyklopädie» Das Spielfeld gleicht einem leeren Buch, in das jeder schreiben darf, worüber er Bescheid weiss. Dazu gibt es Spielregeln, die laufend weiterentwickelt und angepasst werden, um einen möglichst guten Spielverlauf für die rund zwanzigtausend aktiven Mitspieler zu ermöglichen. Ein Dutzend Vollstellen und einige Server reichen aus, um einen Ort des Wissens von alltäglicher Relevanz für Millionen Nutzer zu gestalten. Ein anderes Spiel, genannt *ebay*, hat «Kaufen und Verkaufen für jedermann» zum Ziel. Das *Youtube*-Spiel heisst «Videoclipothek von allen für alle» und mit *Panoramia* entsteht auf Google Maps der weltgrösste Bildatlas «von allen, für alle».

Die Produkte sind nicht neu. Lexika, Kleinanzeigen und Illustrationen ferner Länder gab es bereits in der Antike. Das Prinzip, wie diese nun entstehen, ist hingegen neu. Und dieses Prinzip ist nicht nur auf die Produktion von Medieninhalten begrenzt, sondern kann ebensogut zur Produktion aller anderen Produkte eingesetzt werden.

Einen wirklich passenden BH zu finden, ist für viele Frauen keine leichte Sache. In einer Feierabenddiskussion zu diesem Thema entwickelten wir in Gedanken ein neues Spiel mit dem Ziel «Produktion und Vertrieb von massgeschneiderten Büstenhaltern». Damals erschien im NZZ-Folio in der Kolumne *zerlegt* ein Artikel mit der Überschrift: «Das Neun-Minuten-Wunder». Genau so lange dauert es nämlich, bis ein 69 Franken teurer BH produziert war. Man könnte meinen, dass die Firma Triumph mit ihren 30'000 Mitarbeitern damit ein äusserst lukratives Geschäft machte. Beim Weiterlesen entdeckte ich, dass etwas faul sein musste, denn sie produzierten lediglich 60 Millionen BHs im Jahr. Das machte pro Mitarbeiter pro Stunde einen einzigen. Was passierte also in den anderen 51 Minuten, wenn die Produktion doch angeblich nur 9 Minuten dauerte?

Eine derart riesig-teure-schnelle-super-vollautomatische-BH-Stanzmaschinenstrasse erlaubt es in kürzester Zeit, Massen von BHs zu produzieren. Der Aufwand, eine solche Spezialmaschine zu bauen, zu füttern und zu pflegen, und ausserdem alle BHs zu verpacken und bis zu den einzelnen Kunden zu liefern, ist anscheinend gigantisch. Vor allem führt das System der vorrätigen Massenproduktion aber dazu, dass die unermesslich vielfältige Schönheit weiblicher Rundungen gnadenlos reduziert wird auf die Buchstaben A, B, C, D, E und auf ebenso wenig Umfangmasse. Alle Nuancen werden mit Elastan weggestretcht. Anders ist das Problem nicht zu lösen. Es ist nicht möglich, für Millionen verschiedener Frauen Millionen verschiedene BHs in allen Farben, Formen und Grössen in allen verschiedenen Städten bereitzuhalten.

In einem Forum für Hobbynäherinnen fand ich heraus, dass eine geschickte Person mit Schere und Nähmaschine zuhause am Küchentisch zwar nicht 9 Minuten, aber mit etwas Geschick auch nicht mehr als 40 Minuten für die Herstellung eines BHs benötigt. Im Vergleich zu der einen Stunde, die Triumph tatsächlich insgesamt pro BH aufwendet, bleiben also noch 20 Minuten, um die Bestellung entgegenzunehmen, sich Gedanken über Schnittmuster und Design zu machen, Stoff zu kaufen und das Produkt zu verpacken und zu versenden. Eine Stunde müsste dafür reichen - und wäre zugleich viel abwechslungsreicher, als jeden Tag für einen schlechten Lohn zur Fabrik zu fahren, um dort Maschinen, Telefone, Computer und Chefs zu bedienen. Ausserdem braucht es auch keine Fabrikhallen, keine langen Arbeitswege, daher keine Autobahnen, keine grossen Lagerhallen, keine kleinen Lagerhallen, keine Läden in teurer Lage und keine Verkäuferinnen, die herumstehen und auf Kundinnen warten.

Digital bedeutet, dass es keine Schablone als Vorlage mehr gibt, sondern nur noch Daten, die den Weg des Stoffmessers bestimmen. Daher ist es für eine Stoffzuschneidemaschine einerlei, ob sie tausend Mal dieselbe Form ausschneidet oder tausend Mal eine etwas andere. Es gibt übrigens auch kleine digitale Stoffcutter für den Heimgebrauch. Industrielle Massenproduktion bedeutet, eine möglichst hohe Auflage, also möglichst eine Million Stück desselben Produktes zu realisieren. Digitale Bestell- und Produktionsspiele könnten auch eine Million Mal einen je ganz unterschiedlichen einzelnen BH herstellen.

Tausende selbstständig Arbeitende könnten eine gemeinsame globale Infrastruktur zum Entwerfen, Bestellen, Anpassen, Produzieren und Verkaufen ihrer Produkte nutzen. Ein Spielfeld mit Weltmarktanschluss für kleine Nähateliers von Mumbai bis München. Es würden auf diese Weise auch nicht nur BHs und Geld transportiert, sondern neue Beziehungen geknüpft und Lebenserfahrungen ausgetauscht.

Das Handwerk könnte mit digitalen Methoden so geschickt verknüpft werden, dass sich ein grosser Teil der Welt die klassische Industrialisierung sparen kann! All die kleinen handwerklichen Produktionsstätten in Asien, Afrika, Südamerika wie auch die übrig gebliebenen des Westens streben logischerweise nach Rationalisierung. Ohne neue digitalisierte, vernetzte und dezentrale Produktionsmethoden müssten sie aber denselben industriellen Weg einschlagen, wie die übrige Welt in der Vergangenheit. Es würden noch viel mehr grosse Fabriken mit kleinen Angestellten entstehen, die sich mit ihren Autos täglich zwischen Wohnung, Shoppingcenter und Arbeitsort bewegen müssten, und das würde die Umwelt irgendwann nicht mehr ertragen. Wenn hingegen der Einzelne durch die Digitalisierung Zugangsmöglichkeiten zum Markt erhält und seine Fähigkeiten, sei es als Hand- oder als Kopfarbeiter, direkt einbringen kann, dann wird er erstens unabhängig und zweitens geschickter produzieren können als die Industrie.

Der fehlende Zugang zum Know-how, zum Markt und zu Krediten für Material und Werkzeuge blockiert in einer Industriegesellschaft die Handlungsfähigkeit des Einzelnen und macht ihn zu einem unselbstständigen

Konsumenten. Die Digitalisierung kann diesen Zugang verschaffen.

Industrie bedeutet, riesige Mengen mit möglichst wenig Konkurrenz und deshalb hohen Margen über kontrollierte Kanäle abzusetzen und vor allem niemandem zu verraten, wie man es genau macht – um eben dieser Konkurrenz eine Nasenlänge voraus zu sein. Und es ist charakteristisch für Industrie, dass erstens die Maschinen und Werkzeuge gigantisch, spezialisiert und enorm teuer sind, zweitens ein aufwändiges Distributions- und Marketingsystem zentral für den Verkaufserfolg ist, und drittens das Know-how möglichst gut eingebunkert ist – so wie das berühmte Coca-Cola-Rezept.

Die Digitalisierung hat genau diese drei Dinge geändert. Aus grossen, spezialisierten und teuren Maschinen wurden kleine, universelle und billige Geräte. Das Internet wurde zum Distributionskanal, wo sich jeder für einige Cents eine Verkaufsplattform einrichten kann, die offen für den Weltmarkt ist. Und nicht nur Software, sondern das ganze Know-how, von BH-Schnittmuster über Herstellungsverfahren bis zu Serviceanleitungen, kann nun so einfach zugänglich gemacht werden, wie es innerhalb einer industriellen Organisation nicht einmal möglich ist.

Das Prinzip «Copy-Shop» bezieht sich zurzeit noch auf Papier. Irgendwann aber wird so etwas wie ein Tintenstrahldrucker auch Metallpulver nach digitaler Anleitung zu räumlichen Dingen zusammensprühen und anschliessend backen können. Ersatzteile werden dann nicht bestellt, sondern heruntergeladen und im lokalen Copy-Shop hergestellt. Allein das würde den Alltag enorm erleichtern, denn besonders in verarmten Regionen ist das Leben auch deshalb so teuer, weil die Maschinen wegen fehlender Ersatzteile lahmgelegt sind. Natürlich gäbe es dann auch den Plastikplotter und den Schnitzroboter zur Herstellung aller erdenklichen Güter.

Es wird nicht mehr nötig sein, dass ein einziges Modell ein Jahrzehnt lang produziert werden muss, damit sich die Entwicklung und die Investition in die Spezialmaschinen gelohnt haben. In einer Open-Source-Do-it-yourself-3d-Printshop-Wirtschaft werden sich Produkte viel schneller verändern und einen ganz anderen Bezug zum Leben haben, denn sie stammen nicht mehr aus Marketingabteilungen, sondern von den Benutzern selbst.

Alle diese Möglichkeiten verändern die Arbeitswelt, und sie verändern die Rolle des Kapitals. Menschen können selbstständig werden auf der Grundlage einer digitalen Allmend, die stetig wächst.

Der Wandel zu einer Welt von kleinen Universalgeräten und kleinen Akteuren mit grosser Vernetzung könnte vor allem für das Leben in Slums grosse Auswirkungen haben. Die Hälfte der Menschheit lebt in Städten. Ein Drittel dieser Hälfte lebt in Slums. Die meisten dieser Menschen kommen vom Land an den Stadtrand, von einer Agrargesellschaft an den Rand einer Industriegesellschaft, und leben dort als Jäger und Sammler von deren Abfällen. Darüber hinaus dient ein Teil der Bewohner als Arbeiter in den Industriefirmen oder als Dienstleister für deren Angestellte. Durchschnittlich müssen sie ein Drittel ihres Gehalts für den Weg zur Arbeit aufwenden und mit dem übrigen Lohn typischerweise noch acht weitere Slumbewohner ernähren, die ihrerseits handwerklichem Kleingewerbe nachgehen.

Dieses Bild gleicht der Struktur und auch dem Elend in den europäischen Industriestädten vor rund 150 Jahren. Im Unterschied zu damals findet dieses Leben heute aber in einer digitalisierten und globalisierten Welt statt, mit der viele Slumbewohner über irgendeinen emigrierten Verwandten verbunden sind. Die Welt hängt jetzt als Ganzes zusammen, und neueste Technologien stehen auch archaischen oder kleinhandwerklichen Strukturen zur Verfügung. Handys funktionieren heute fast überall, häufig besser als die Wasserversorgung. Hier liegt das Potenzial für einen neuen Weg, und die Slums könnten eine wichtige Pionierrolle in der Entwicklung neuer Wirtschafts- und Gesellschaftsformen übernehmen.

Open Source ermöglicht

Gute Ideen zur Verbesserung der Welt erleiden nicht selten folgendes Schicksal: Nach der ersten Begeisterung des Erfinders steigt dessen Angst, dass schon ein anderer dieselbe Idee hatte. Jeder seiner weiteren Schritte könnte vergeblich sein oder sogar in den Strafraum führen, weil fremde Eigentumsrechte verletzt werden. Wenn seine Idee jedoch wirklich neu ist, wird der Erfinder von der Angst befallen, dass sie gestohlen werden könnte. Also wird er als Erstes alle Energie darauf verwenden, die Idee zu «schützen», und das bedeutet, sie anderen vorzuenthalten.

Falls eine Patentierung überhaupt gelingt und die Geschichte tatsächlich weitergeht, muss aus der Idee ein verkäufliches Produkt gemacht werden. Gelingt sogar das, müssen Entscheidungsträger für die Umsetzung überzeugt werden. Eine gute neue Erfindung hat aber häufig die Eigenschaft, zwei ältere Erfindungen überflüssig zu machen. Diese Tatsache wirkt wie eine leise Kritik am laufenden Betrieb, sodass das Neue abgelehnt wird. Schliesslich müssen die alten Investitionen ja auch zuerst amortisiert werden, bevor man sie durch neue ersetzt.

Im besten Falle folgt aus dieser Ablehnung der Impuls, Kapital zu beschaffen, um die Idee auf eigene Faust zu realisieren. Bei der Gründung einer Firma wird dann als erstes viel schöpferische Energie im Labyrinth der Vorsorge-, Haftpflicht-, und Rechtsschutzversicherungen, Verbandsrichtlinien etc. verloren.

Am Ende wird eine gute Idee mit viel Frustration zu Grabe getragen, denn noch bevor sie sich umsetzen liess, sind Kraft und Geld schon aufgebraucht. Es ist kein neues Google entstanden. So geht es nicht nur 99 Prozent aller Ideen, sondern auch 90 Prozent aller Patente. Sie bleiben ungenutzt und landen in der Schublade. Um die Innovationskraft einer Gesellschaft zu verdoppeln, würde es demnach rein rechnerisch ausreichen, den Ideenverlustwert um nur um ein Prozent von 99 auf 98 Prozent zu reduziert!

Was passieren kann, wenn Wissen nicht mehr geschlossen verkauft, sondern freigegeben wird, wenn die Quellen geöffnet und ein Code «Open-Source» wird, zeigt die folgenreichste technische Entwicklung der vergangenen Jahrzehnte, nämlich das Internet selbst. Es hat sich erst verbreitet, als mit TCP/IP eine gemeinsame Datensprache akzeptiert wurde, auf die niemand mehr einen Eigentumsanspruch erhob. Dazu gesellten sich unzählige kleine Netzwerkprogramme, die, von Universitäten entwickelt, frei zur Verfügung standen. Erst diese freien Sprachen, Formate und Programme ermöglichten die fast exponentielle Verbreitung des Internets.

Vorerst geschah das alles im Hintergrund, sozusagen auf der Infrastrukturebene. Spätestens als der finnische Student Linus Torvald seine Idee, ein alternatives Betriebssystem, weder patentierte noch in die Schublade legte, sondern 1991 im frisch geborenen Internet an ein schwarzes Brett steckte mit der Einladung, dass jeder, der Lust habe, daran weiterschreiben dürfe, begann sich das

Prinzip Open Source offensichtlich zu verbreiten. Was dabei entstand, ist das wohl berühmteste Stück Open-Source-Software; ein Unix-ähnliches Betriebssystem, genannt Linux.

Für zwei amerikanische Studenten bedeutete dies 1998, dass sie ihre Idee namens Google dank Linux direkt und ohne grosse Investitionskosten umsetzen konnten. Bekanntlich waren sie erfolgreich, und auch heute noch läuft jede Google-Abfrage über ein Cluster von Zehntausenden miteinander verknüpfter Linux-Rechnern. Die Handlungsschwelle war niedrig, und das ermöglichte so manche erfolgreiche Idee von Amazon und ebay über Youtube bis Facebook. Ihre Serverprogramme basieren alle auf Open-Source-Software. Obwohl die meisten Nutzer gar nicht wissen, dass sie Linux gebrauchen, doch alltäglich benutzen sie es denn es ist in den meisten Routern und Servern des Internets und in über der Hälfte aller Smartphones zu finden. Dort heisst es Android.

Beim Prinzip Open-Source tritt anstelle der Gewinnhoffnung des Einzelnen die Erweiterung der Möglichkeiten für viele – und damit auch für den Einzelnen. Das ist im wahrsten Sinne ökonomisch. Viele dieser Programme zählen, wie die deutsche oder englische Sprache, zur kulturellen Basisinfrastruktur. Jeder darf sie nutzen, und jeder darf sie für seine Zwecke abändern und weiterentwickeln, sofern er diese Weiterentwicklung auch wiederum allen frei zur Verfügung stellt.

Praktisch funktioniert das so, dass Entwickler beispielsweise von einer Stadtverwaltung oder einer Firma den

Auftrag erhalten, ein Softwaresystem für administrative Aufgaben zu erstellen. Der Auftrag wird fair bezahlt, denn anders kann er gar nicht geleistet werden. Die Entwickler beginnen, aus dem riesigen Fundus von Open-Source-Software ihre Anwendung zusammenzustellen. Dabei müssen mit Sicherheit Anpassungsarbeiten und Weiterentwicklungen vorgenommen werden. Diese stellen sie dann wieder der Gemeinschaft zur Verfügung, und so wächst der Grundstock der Programmcodes immer weiter.

Die Spielregeln definiert und schützt die GNU General Public License (GPL). Richard Stallman hat diese Lizenzform 1985 entwickelt, um sicherzustellen, dass jede Weiterentwicklung von offener Software wiederum offen bleibt. Wer sich also im Leistungsfundus anderer bedient, muss auch seine Leistung diesem Fundus übergeben. Durch diese Lizenzform wird das Allgemeingut davor geschützt, von Einzelnen privatisiert zu werden. Das Prinzip Open-Source demonstriert erstmals in grossen Dimensioinen, wie wir gemeinsam selbstständig werden können. Und es zeigt, was entstehen kann, wenn «Können» und «Wissen» wirtschaftlich getrennt werden. Das Erste wird bezahlt, das Zweite ist frei.

Von der Ampelkreuzung zum Kreisverkehr

Ein typisches Phänomen der 1980er- und 90er-Jahre war der euphorische Kreiselbauboom. Endlich konnten «Entscheidungsfreiheit» und «Kunst für alle» realisiert werden. Die Zentrale wurde aufgelöst und ihre Macht an die einzelnen Autofahrer delegiert. Es gab keine vorprogrammierte, autoritäre, zentrale Rotlichtsteuereinheit mehr, sondern nur noch eine runde Anordnung mit einfachsten Spielregeln. In diesem Rahmen konnte jeder selbst entscheiden – einfach rechtsrum – und wer schon drin ist, hat Vortritt.

Der Kreiselverkehr ist ein gutes Beispiel dafür, wie durch die aktive Kooperation einzelner Elemente im Rahmen von einfachen Spielregeln ein neues, flüssigeres Organisationsmuster entsteht. Der Datenverkehr im Internet funktioniert ganz ähnlich, bloss sind die Autos hier adressierte Datenpakete und die Kreisel sogenannte Router.

Die Vernetzung von Millionen Computern die dazu führt, dass Daten und Menschen in Lichtgeschwindigkeit über Datenautobahnen und unzählige Kreisel miteinander verbunden sind, führt zu neuen Formen und Strukturen, die ganz anders aussehen als der Stadtverkehr in Manhattan. Das visualisierte Internet, sozusagen der Blick vom Satelliten auf das irdische Datennetz, zeigt ein Bild, das eher den Nervenzellen unter dem Mikroskop oder den Pilzfäden im Boden gleicht.

Der einzelne Mikroprozessor, unter dem Mikroskop

betrachtet, zeigt hingegen das Bild einer typischen, im Rastermuster organisierten Industriestadt: Transportwege, Zwischenlager, riesige Containerports, Verarbeitungs-

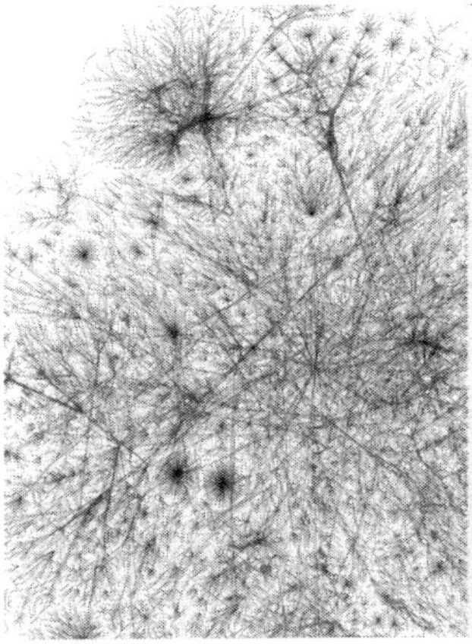

Internet visualisiert

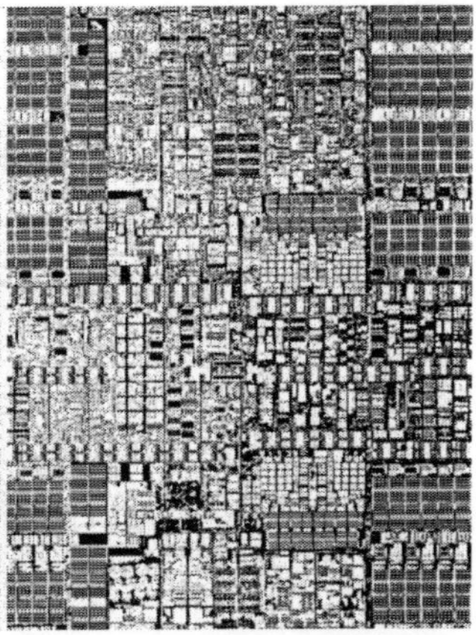

Prozessor aufgeschliffen

einheiten und Silos. Ein einzelner Computer ist eine determinierte Organisationseinheit, genau wie eine Fabrik: Input, Prozess, Output; Fehler x löst Fehlerbehandlung x aus; Fehler unbekannt löst einen Absturz aus.

Unbekannt gleich Absturz. So ähnlich funktioniert auch Industrie. Wenn auf einem Objekt keine Typenbezeichnung steht, ist es unbekannt und damit praktisch wertlos, denn niemand hat Zeit herauszufinden, um welches Objekt es sich handelt. Dasselbe Schicksal erfahren auch viele Menschen. Sie haben keine Form, die in eine Schablone passt, sie sind weder eine programmierbare Steuereinheit vom Typ x noch eine Hydraulikpumpe von der Stärke y oder ein Enzym mit Verfallsdatum z. Ihnen fehlt eine Typenbezeichnung, beispielsweise *Kältesystem-Planer/in EFZ,* und deswegen fallen sie aus dem System heraus, denn niemand nimmt sich Zeit zu erfahren, was in ihnen steckt.

Die Abschaffung individueller Verantwortung in Organisationen durch ISO-Normen, Qualitätsmanagement und Bildungspunkte entspricht dem Industrialisierungsprozess vergangener Jahrhunderte. Die Basis sind standardisierte Elemente und vordefinierte Funktionen. Das entspricht zwar der Funktionsweise eines einzelnen Computers, wirkt aber sehr anachronistisch zur neuen Realität, die sich durch die Vernetzung von Millionen einzelner Computer entwickelt. Da entsteht ein ganz anderes, viel lebendigeres und weniger hierarchisches Bild.

Zwei Welten – die zentral gesteuerte, deterministische Maschinenwelt und die dezentrale, netzartige Informationswelt oder, mit dem Titel dieses Kapitels gesprochen, die Ampelkreuzung und der Kreisverkehr – zeigen die Spannung auf, in der sich die verschiedensten Gesellschaftsbereiche aktuell befinden. Einerseits werden immer mehr Kontrollrichtlinien eingeführt, und andererseits Teamgeist und Selbstorganisation gefördert. Es werden eifrig Gencodes geknackt, in der Hoffnung, dadurch die Zentralsteuerung zu finden, und zugleich wird immer deutlicher, dass der entscheidende Punkt im Zusammenspiel aller Elemente zu finden ist.

Diese zwei Kräfte, die mechanisch-beherrschende und die organisch-ermöglichende, ringen nun auch um die Vorherrschaft im Internet. Die vergangenen Jahre haben im Netz gigantische Verklumpungen in Form von Google, Apple, Facebook und anderen Schwergewichten hervorgebracht, Klumpen, die sich wieder wie kontrollierende Maschinen verhalten können. Das entspricht weniger dem Charakter der Technik als dem Charakter des Kapitals, dem Machthunger von Organisationen und dem Rudelverhalten einzelner Nutzer.

Es wird für die weitere Entwicklung entscheidend sein, inwiefern die eine Eigenschaft, nämlich die perfekt kontrollierende Fähigkeit der Digitaltechnik, ausschliesslich auf die optimale Steuerung von Automatisierungen angewendet werden kann, und inwiefern die andere Eigenschaft, nämlich der befreiende, verbindende, organische Charakter dieser Technik, dem Menschen und dem Leben zugutekommt. Wirken sie umgekehrt, wirken sie verheerend.

Auf Korsika wanderte ich auf einem alten Eselspfad in ein wunderschönes, terrassiertes Tal hinein. Zweitausend Jahre Arbeit und Erfahrung, ein, von Menschen angelegtes Paradies aus unzähligen Pflanzen, Tieren und Vögeln kann der Wanderer hier geniessen. Nun, seit etwa einer Generation, ist da niemand mehr um es weiterzupflegen.

Unser Essen stammt heute von riesigen ausgelaugten Feldern aus der industriellen Ebene. Quadratisch, praktisch, aber nicht gut. Beim Weiterwandern stiegen seltsame Gefühle in mir hoch, und mir kamen ein paar Zahlen in den Sinn. Beschäftigte in der Landwirtschaft heute rund 4%, früher rund 80%. Wasserstand des Amazonas im Jahre 2030: voraussichtlich ausgetrocknet. Schliesslich dachte ich mir für die Zukunft dreierlei: Erstens wird die Wiederbelebung der Erde sehr viel Handarbeit fordern. Zweites wird man diese Arbeit nicht mehr «produzieren» nennen. Und drittens braucht es für diese Arbeit ein uneingeschränkt für alle zugängliches und erweiterbares, Wissen über unzählige einzelne Pflanzen und Tiere und all ihre beobachtbaren Zusammenhänge. Ich dachte, genau das wird in Zukunft die grösste Aufgabe der Informationsgesellschaft sein: Leben wahrnehmen und pflegen.

Geimpfte Zeit

Ich hatte einmal einen Traum. Der Inhalt war sehr abstrakt, fast nur als Text vorhanden. Mir träumte, *dass die physische «Masse» nur «meint» sie sei «träge», und dass sich diese «Meinung» ändern lasse, indem eine mit einer anderen Meinung oder Information «geimpfte Zeit» auf diese Masse «angewendet» würde. Dann könne die Masse anders sein als träge.* Seither freut mich dieses Rätsel.

Eine Bewegung ohne Trägheit gleicht der Leichtigkeit der Gedanken. Die Vorstellung, dass Geist und Materie nur zwei verschiedene Aspekte der «einen Welt» sind, die sich erst im Moment der Betrachtung in zwei Aspekte teilt, findet sich auch in Ansichten der modernen Physik. Die Materie, als komplementärer Aspekt des Geistes betrachtet, könnte vielleicht tatsächlich die Eigenschaft der Leichtigkeit der Gedanken übernehmen. Jedenfalls empfinde ich seit diesem Traum auch die scheinbar unumstössliche Tatsache der Trägheit nicht mehr als ganz so absolut.

Vielleicht ist des Rätsels Lösung aber noch viel offensichtlicher und der Traum vom Fliegen längst Wirklichkeit. Ich bin fast doppelt so schwer wie ein Zementsack. Das fühlt sich aber keineswegs so an. Es ist überhaupt nicht vergleichbar, obwohl ein Zementsack und ich rein physikalisch dieselbe Trägheit aufweisen. Was macht also den Unterschied? Warum ist ein Vogel in der Luft so unendlich wendig und leicht bis zu dem Moment, in welchem er, von einer Schrottkugel getroffen, wie ein

Stein zu Boden fällt?

Anscheinend schafft es das Prinzip «Leben», die Trägheit zu überwinden. Leben erscheint als eine Kraft, die es jedem Element ermöglicht, sich mit anderen zu verbinden, auszutauschen und dadurch gemeinsam über sich selbst hinauszuwachsen, um Grösseres zu bilden. Zellen verbinden sich zu Pflanzen und treiben in die Höhe, der Fruchtbildung entgegen. Tiere erobern frei von Wurzeln ihre Umwelt. Und Vögel erheben sich gar in die Lüfte um dem Klima folgend Kontinente zu überwinden. Das Kleinkind wiederum offenbart dem Beobachter die fundamentale Spiel- und Schaffenslust des Menschen vom ersten Tag an. Alles wird durch Greifen erfasst, und neu verbunden, um zu probieren, was sich dabei neues ergibt. Es ist für den Menschen ebenso existenziell, seinen Spieltrieb auszuleben und neue Kombinationen zu versuchen, wie seinen Hunger zu stillen.

Wenn sich nun die Impulse Zehntausender Menschen zu einem grossen Zusammenspiel verbinden, können Welten erschaffen werden, die dem Einzelnen wie ein Wunder erscheinen. Wenn beispielsweise ein neues Spiel namens «Wir bauen gemeinsam eine Pyramide» angesagt ist, dann hat diese Herausforderung die Kraft, alle zu bewegen, zu verbinden und zu verzaubern. Das Nebenprodukt dieser Spielerfindung ist der entwickelte Staat mit einigen Millionen koordiniert lebenden und arbeitenden Menschen.

Ich finde Ökonomie deshalb so wunderschön, weil sie Lebensorganisation sichtbar und bewusst macht. Was zwischen den Zellen im einzelnen Menschenkörper wie von selbst geschieht, können wir im grossen «Organismus Menschheit» bewusst wahrnehmen und mitgestalten. Diese Fähigkeit führte in den vergangen Jahrtausenden zu einer rasenden Entwicklung, wie sie natürliches Leben in Jahrmillionen noch nie gesehen hat. Es ist ein gefährlicher Weg, der uns zwingt, unser Bewusstsein weiterzuentwickeln, und zu lernen, wie die zarten Gleichgewichte so zu pflegen sind, dass das Leben nicht plötzlich wie ein erschossener Vogel tot vom Himmel fällt.

Es war mir immer etwas rätselhaft, warum mein Vater die doppelte Buchführung als eine der grössten Erfindungen bezeichnete. Erst beim Schreiben dieses Buches habe ich den Grund verstanden: Sie verknüpft das *Gegenwärtige* mit dem *Fortdauernden.* So einfach das klingt, so genial ist es, denn alle Ökonomie und alles Leben bewegt sich nur dank der gesunden Verknüpfung dieser zwei Dimensionen. In der Biologie heisst das «Nahrung und Fortpflanzung». In der Wirtschaft spricht man von «Konsum und Investition». Die Gesundheit eines Organismus hängt vom Gleichgewicht dieser zwei Dimensionen ab. In sozialen Organismen, welche die Menschheit bildet, bedarf das höchster Wachheit und Anpassungsfähigkeit, denn die Verhältnisse können sich, zum Beispiel durch die Erfindung der Digitalisierung, plötzlich so stark verschieben, dass nur grosse Veränderungen der Gewohnheiten wieder zu einem neuen Gleichgewicht führen können.

Geld verbindet

Als ich etwa fünf Jahre alt war, fragte ich meine Mutter, woher denn das Geld stamme. Ich bin ihr sehr dankbar, dass sie nicht sagte, es komme vom Arbeiten. Sie sagte stattdessen, es komme von der Bank. Und ich ging also da hin, zur Bank, mit einer schön verzierten Schuhschachtel, hielt sie zum Schalter hoch und wartete. Und tatsächlich, der Beamte griff in die Kasse und legte etwas in meine Schachtel. Es war zwar sehr wenig im Verhältnis zu der grossen Schachtel, aber doch eine kleine Handvoll Münzen. Meine Mutter hatte also recht, und seither ist Geld für mich so etwas Ähnliches wie Wasser. Es gehört zur Umgebung, lässt sich nicht herstellen und ist normalerweise ausreichend vorhanden. Ich habe seither auch nie zuerst gespart, um dann später zu investieren. Ich glaube nicht, dass aus Verzichten und Sparen Überschüsse und Begeisterung für etwas Neues entstehen können. Was ich allerdings wusste war, dass aus sehr kleinen Samen sehr grosse Bäume wachsen können.

Ich hatte mit der Antwort meiner Mutter Glück, denn sobald es heisst, das Geld komme vom Arbeiten, ist das Selbstwertgefühl der Menschen direkt mit ihrem Kontostand verknüpft. Bei wem dieser niedrig ist, muss sich entweder als Taugenichts vorkommen oder die Ungerechtigkeit der Welt beklagen. Wer hingegen einen hohen Kontostand hat, der fühlt sich fleissig oder genial. Jedenfalls wurde Geld durch diese Verknüpfung eine höchst emotionale Sache.

Laut Wirtschaftslexikon dient das Geld drei Zwecken: dem Tauschen, dem Speichern und dem Messen von Werten. Das klingt vorerst banal und trocken. Es erzeugt aber einen grossartigen Klang, wenn man sich diese Begriffe als reale Prozesse ausmalt und in Bewegung setzt. Geld verbindet in einem einzigen System das Tauschen mit dem Speichern – oder anders gesagt: das Gegenwärtige mit dem Fortdauernden. Es kann in der Gegenwart zwischen Angebot und Nachfrage vermitteln oder es kann eine langfristig angelegte Investition und ihre Abnützung verrechnen. Als Zusammenspiel ist das wie Musik denn ich finde nirgends sonst befinden wir uns so exakt auf dem Kreuzungspunkt zwischen Gegenwart und Dauer wie beim Hören von Musik. Rund um diesen Verknüpfungspunkt breitet sich das Leben aus. Man könnte es auch Bewusstsein nennen. Oder, etwas trockener, das Prinzip der doppelten Buchführung.

Das eine Buch, genannt Erfolgsrechnung, spielt im Jetzt und handelt von den Bedürfnissen sowie davon, wie diese befriedigt werden; es handelt von Wahrnehmungen und Handlungen, vom Geben und Nehmen. Im anderen Buch, genannt Bilanz, wird beschrieben, was dazu nötig gewesen ist, was dabei entstand, was davon übrig blieb und wem es nun gehört oder wem wieviel geschuldet wird. Das ist die doppelte Denkweise, die uns permanent prägt. Einerseits hoffe ich während des Schreibens, dass mein Vorhaben gelingt und sich am Ende gelohnt haben wird (Bilanz, Dauer) und andererseits kämpfe ich in diesem Moment mit sperrigen Sätzen und denke an die Mittagspause (Erfolgsrechnung, Gegenwart). Bedürfnisse (im Jetzt) und Vorhaben (im Zeitverlauf) sind beides Impulse, deren Bewegungen ausgeführt und durch Befriedigung (im Jetzt) respektive Erfolg (in der Zukunft) wieder zur Ruhe kommen wollen.

Eines der ersten Kinderspiele ist «Geben und Nehmen». Etwas hinhalten, danach greifen wollen, loslassen, festhalten, wegziehen und so weiter. In der weiteren sozialen Entwicklung wird das «Geben und Nehmen»-Spiel optimiert. Dabei werden Wertigkeiten entwickelt, Dinge verglichen, Rechte empfunden und eingefordert, Hierarchien geklärt oder erzeugt, Gewalt ausprobiert, Loyalität geprüft, Allianzen geschmiedet, Familienbande genutzt und belastet, Geschenke gegeben, Verpflichtung oder Freiheit gefühlt, Schulden gemacht und Ausgleiche erhofft.

Wenn «Geben und Nehmen» nicht ausgeglichen sind, muss eine Lösung gefunden werden, durch wen, wie und wann diese Schuld beglichen wird. Je raffinierter die Lösungsmöglichkeiten einer Gesellschaft auf dem Gebiet des Schuldenmachens und -ausgleichens sind, desto mehr Handlungsmöglichkeiten bieten sich an.

Eine der interessantesten, natürlichsten und häufigsten Lösungen findet dann statt, wenn zwar «Geben und Nehmen» nicht ausgeglichen sind, deswegen aber trotzdem keine Schuld entsteht, also geschenkt wird. So beginnt jedes Leben, und je mehr es einem von der Umwelt gegönnt wird, desto unbelasteter verläuft es.

«Geben und Nehmen» scheint wie das Urspiel des Lebens zu sein. Das zeigt sich im Leben der Bakterien ebenso wie an den Beziehungen ganzer Staatengemeinschaften. Je besser das Austauschsystem funktioniert, desto differenzierter kann die Energie genutzt werden, und desto komplexere Organismen können dabei entstehen. Im Laufe der letzten Jahrtausende hat sich das Geld zu einem solchen System entwickelt. Auf der Suche nach der Geschichte des Geldes, stösst man charakteristischerweise auf zwei ganz unterschiedliche Erzählungen, jenachdem, ob es Ökonomen oder Ethnologen sind, die erzählen.

Die Ökonomen erzählen vom Ursprung des Geldes mit Vorliebe die Geschichte, dass es eine Erfindung sei, die den Schuldenausgleich durch indirekten Wertetausch vereinfachte. Davor hätten die Menschen Dinge direkt getauscht. Zum Beispiel Ziege gegen Saatgut oder Werkzeug gegen Wolle. Dass sich zwei Bedürfnisse dieser Art treffen, ist möglich, aber selten. Meistens bekam nicht jeder das, was er wollte, sodass er es wiederum tauschen musste. Daraus entwickelte sich der indirekte Austausch mit etwas, was für alle gleich wertvoll war, etwa Getreide oder Tuch, und später, weil es haltbarer ist, Gold und daraus entwickelte sich schliesslich das Geld durch die Erfindung der standardisierten Metallmünzen. Dadurch verkürzten sich die Tauschvorgänge enorm, weil die Tauschpartner nicht mehr selbst das Korn oder die Metallmenge abwiegen mussten. Und mit der Zeit war es auch nicht mehr wichtig, dass die Münze wirklich aus Gold war. Später reichte auch ein Stück Papier, erst als Gutschein für Gold und dann lediglich als eine aufgeschriebene Zahl. Solange Geld akzeptiert wurde, konnte damit getauscht und gehandelt werden – und das ist das Wesentliche.

Nach Ansicht von Ethnologen begann die Geschichte des Geldes gerade umgekehrt. Weil das Leben nie aufgeht, weil man immer etwas bekommt, ohne etwas zu geben, oder etwas gibt, ohne etwas dafür zu bekommen, weil jedes Leben überhaupt schon in diesem unausgeglichenen Zustand beginnt, entstehen ständig offene Schulden und Guthaben. Vieles, man kennt das unter Freunden oder vom Zeltplatz, wird unkompliziert geteilt und die Kinder der Nachbarn werden selbstverständlich miternährt. Aber, und das kennt man auch von seiner menschlichen Umgebung, es gibt Grenzen. Sind diese erreicht, wird plötzlich gerechnet. Guthaben und Schulden werden addiert und der Saldo nicht so schnell vergessen.

Es gab und gibt noch immer eine grosse kulturelle Vielfalt im Umgang mit diesen unsichtbaren Konten, deren Saldi die Beziehungen zwischen Menschen manchmal lebenslang prägen. Und rund um diese Kontoführung entwickelten sich symbolische, oft kultische Systeme, die mit der Zeit zu dem wurden, was wir heute Geld nennen. Im Gegensatz zur ersten Version der Ökonomen steht das Geld aber nicht stellvertretend für einen Wert, sondern stellvertretend für eine Schuld. Das Geld ist in dieser Erzählung von Ethnologen ein Schein, auf dem steht, dass dem Besitzer noch ein Gefallen geschuldet wird.

Ob Geld ein Gutschein oder ein Schuldschein ist, scheint im praktischen Gebrauch keinen Unterschied zu machen. Beide funktionieren, so wie es in jedem Lexikon steht, zum Tauschen, zum Speichern und zum Messen von Werten. Die beiden Geschichtsversionen fühlen sich aber sehr unterschiedlich an. In der ersten ist jeder selbstständig und wenn es sich lohnt, dann tauscht man was man will, und wenn zwei Tauschpartner einverstanden sind, können sogar Kreditverträge abgeschlossen werden. Die zweite Version wird mit Blick auf die realexistierenden Verhältnisse ursprünglicher Gesellschaftsformen als die realistischere betrachtet. Man wird geboren und schuldet bereits sein eigenes Leben der Familie und der Gemeinschaft, ist verstrickt und abhängig in vielerlei Beziehung, eingespannt in Erwartungen und ausgeliefert an bestehende Ansprüche, gänzlich unfrei zu wählen. Aber unabhängig davon, ob Geld als Gutschein oder als Schuldschein gedacht wird, ist es nun mal da und weist beide Eigenschaften auf: Es macht frei und es fesselt.

Geld ist also eines dieser *bewährten Systeme*, zwar ganz künstlich, aber erfahrungsgemäss funktioniert es. Geld ist nicht ein Ding, sondern ein standardisiertes Verhaltensregelwerk, um den Prozess des Gebens und Nehmens effizient zu organisieren. Wie die Schrift kann das Geld, den Raum und die Zeit überwinden und damit die Handlungsmöglichkeiten vervielfachen. Es ermöglicht komplexe Formen von Arbeitsteilung und Spezialisierung. Und Geld machte es möglich, dass vor dreihundert Jahren in der kleinen Stadt Cremona mehr als zweihundert Geigenbauer nebeneinander arbeiteten und ganz Europa mit den besten Instrumenten belieferten.

In früheren Zeiten beschränkte sich der Gebrauch von Geld auf spezielle Gelegenheiten. Die meisten Dinge wurden selbst hergestellt, und viele Menschen hatten nie in ihrem Leben ein Geldstück in der Hand. Das Bauernleben umfasste ebenso die Produktion von Kleidern wie den Bau der Häuser. Der Schmied und der Zimmermann konnten in Naturalien bezahlt werden. Dörfer waren überschaubar und zu klein für eine Spezialisierung der Einzelnen. Es wurde getauscht, nicht gekauft, und Grossprojekte wie Aquädukte oder der Bau von Burgen wurden durch Gemeinwerk oder Fronarbeit bewerkstelligt. Alle mussten mithelfen und ihren Teil dazu beitragen.

Durch die Industrialisierung änderte sich die Bedeutung des Geldes grundlegend. Fabrikherren hatten im Gegensatz zu den Schloss- und Domherren nicht die Rechte, den Frondienst oder den Zehnten einzufordern, um ihre Investitionen zu realisieren. Sie mussten sich der Autorität des Geldes bedienen, um jeden Einzelnen zum Arbeiten zu bewegen. So entstand nicht nur die Lohnarbeit, welche das Geld in den Alltag brachte, sondern auch ein neues Bank- und Kreditwesen. Maschinen sparen mit der Zeit viel Arbeit ein, viel mehr als für ihre Herstellung nötig ist. Vorerst verschlingt ihr Bau aber grosse Summen, und dazu brauchen die Unternehmer Kredite.

Wie neues Kreditgeld in diesen Mengen überhaupt entstehen konnte, lässt sich vereinfacht etwa so beschreiben: Wer etwas Grosses bauen wollte, beispielsweise eine Eisenbahn, musste zu einem Trick greifen, um sozusagen die Zeit zu überspringen, bis die Anlage fertig gebaut war und genügend Ertrag lieferte, um den Bau zu bezahlen. Dieses Geld war ja zu Beginn noch gar nicht vorhanden. Der Trick bestand also darin, dass die Bank Wertgutscheine respektive Wertschuldscheine bedruckte und dem Unternehmer auslieh. Das war eine Kreditschöpfung.

Dieses Geld wurde an Handwerker ausbezahlt mit der Bedingung, die Eisenbahn zu bauen. Die Wertgutscheine wanderten infolgedessen vom Handwerker zum Wirt und von diesem zum Bauern und irgendwann, als die Bahn fertig gebaut war, wieder zurück zur Eisenbahngesellschaft, um beispielsweise Futter für den Bauern zu transportieren. Aus dem Gewinn des Bahnbetriebes wurde später der Kredit zurückbezahlt und dadurch das geschöpfte Kreditgeld wieder aufgelöst. Und damit an dieser Stelle nicht alles stehenblieb, musste sich dieser Vorgang gleich mit weiteren Eisenbahnen, Kraftwerken und Autobahnen wiederholen.

Obwohl es sich nur um Papier handelt, funktioniert dieses Prinzip recht gut. Solange das Vertrauen in den

Wert des Eisenbahnprojektes vorhanden ist, glauben die Beteiligten auch an den Wert dieser Gutscheine. Würden dieses und alle anderen Projekte scheitern, wäre das Geld tatsächlich nichts mehr wert, weil die Gutscheine nirgends gegen eine Leistung eingetauscht werden könnten.

Das Tauschgeld ermöglicht die Befriedigung der Bedürfnisse in der Gegenwart. Das Kreditgeld ermöglicht die Erschaffung von Werten, deren Nutzen in der Zukunft liegt. Das sind die zwei Bücher der doppelten Buchführung, die das Wirtschaften aufzeichnen. Im einen Buch geht es um Mitarbeiterlöhne, Einkäufe bei Lieferanten und Verkäufe an Kunden. Der Erfolg in diesem Buch misst sich an der Zufriedenheit aller Beteiligten. Im anderen Buch stehen Betriebsmittel, Lagerbestände, Kredite und Eigenkapital. Hier ist die massgebende Frage, ob die Rechnung am Ende tatsächlich aufgeht. Durch die Verknüpfung dieser zwei Ebenen, der Konsum- und der Investitionsebene, wird der vorausschauende Geist an einer zukünftigen Gegenwart geprüft. Das Gelingen eines Projektes zeigt sich daran, ob damit ein reales Bedürfnis befriedigt wird oder ob etwa eine Eisenbahn zu einer vertrockneteten Oase doch nicht gebraucht wird. Wenn da etwas nicht passt, ist man aufgefordert, nochmals «über die Bücher zu gehen».

Auf der einen Seite Konsum und Zufriedenheit, auf der anderen Seite Investition und Rendite. Beide schön logisch verknüpft. Das klingt harmlos, gesund und selbstregulierend. Und eigentlich wäre es tatsächlich ein schönes Bild und jede Firma als Übersetzer und Vermittler zwischen diesen beiden Welten ein Kunstwerk. Aber etwas ist faul daran und gerät in letzter Zeit immer mehr aus dem Gleichgewicht.

Vielleicht deshalb, weil wir vergessen haben, dass die Zukunft, in die wir investieren, immer nur eine gegenwärtige Vorstellung ist, die im Idealfall zwar recht gut auf eine zukünftige Gegenwart passt, aber ebenso weit davon entfernt sein kann. Wir glauben, mit Wahrscheinlichkeitsrechnungen das Problem mit der ungewissen Zukunft lösen zu können. Das beruhigt, täuscht Gewissheit vor und lenkt davon ab, die tatsächlichen Veränderungen samt ihrer Chancen zu sehen. Die mühsamsten Probleme entstehen dann, wenn die Gegenwart gezwungen wird, so zu sein, wie man sie sich bei früheren Investitionsüberlegungen einmal vorgestellt hat, und der Mensch zu stolz, zu stur oder zu dumm ist, seine Vorstellungen aufzugeben und die Bilanzen zu bereinigen.

Geld fesselt

Geld ist im Prinzip eine wunderbare Erfindung. Es ermöglicht Handel, Arbeitsteilung und Investitionen in die Zukunft. Es verbindet, koordiniert und klärt die Welt der Handlungen. Aber wer keins hat, ist ausgeschlossen, und das ist ein bitterer, lebensfeindlicher Zustand. Es ist also eine lebensentscheidende Frage, wie jeder an Geld herankommen kann.

Man sagt, dafür müsse man arbeiten gehen, sich nützlich machen und überlegen, was andere von dem gebrauchen könnten, was ich zu bieten habe. Das ist ja eigentlich gesund für alle, denn wenn man kein Geld bräuchte, müsste man sich das nicht überlegen und würde eventuell verlangweilen oder sich völlig falsch einschätzen und Sachen machen, die niemand braucht. Der Geldbedarf scheint dies zu verhindern. Und falls man sich Geld ausleiht, um etwas Grösseres zu tun, dann muss jemand glauben, dass es sich rentiert. Auch das schützt vor Vergeudung, denn wenn es sich nicht rentieren würde, wäre es anscheinend nichts was gebraucht wird und sollte besser nicht gemacht werden. Solche Vorhaben finden, wie der Begriff schon sagt, keine Gläubiger.

Das Geld und sein Arbeits- oder Renditezwang ist also im Prinzip gut. Es reguliert alle Material-, Energie- und Leistungsströme optimal, schafft Ausgleich und hilft dabei, nichts zu vergeuden. Im Prinzip ja. Aber: Anscheinend ist es doch nicht so gut, denn der Geldbeschaffungszwang macht die Menschen immer kränker und das Renditedenken zerstört die Erde immer mehr.

Eine Eisenbahn zu bauen, dauert lange. Wenn sie fertig ist, braucht sie aber nur noch einen Lokführer sowie Heizkohle und ersetzt damit jede Menge Pferdezüchter, Bauern und Fuhrmänner. Das spart Arbeit und bringt Gewinn – mehr als nötig ist, um den Kredit für den Bau zu tilgen –, und von diesem Gewinn möchte der Kreditgeber einen Teil als Zins erhalten.

Das ist eine neue Welt. Geld wird jetzt nicht mehr wie früher nur zum Tauschen und Handeln gebraucht, oder um Armeen für einen Raubzug oder eine Machterweiterung auszurüsten, sondern Geld wird jetzt als Kredit eingesetzt, um neue gewinnbringende Anlagen zu bauen.

Es war bereits früher erlaubt, eine gewisse Prämie als Schadensersatz für allfällige Kredit- oder Geldwertverluste zu verlangen. Darüber hinaus aber einen realen Zins zu fordern, galt bis zur Neuzeit in fast allen Kulturen als verbotener Wucher. Zinsen zu verlangen, bedeutete, *mehr zu nehmen als zu geben* und galt als Ausnutzung einer Notlage, die den einen reicher und den anderen ärmer machte. Wer Zinsen nahm, galt als Dieb.

Können dank Kredit jedoch neue Maschinen angeschafft und neue Erfindungen umgesetzt werden, sodass diese zu einer erhöhten Produktion führen, gibt es auch insgesamt mehr Werte. Also sollte niemand ärmer werden und eine Zinszahlung durchaus möglich sein. Natürlich ist Zinsnehmen noch immer das Ausnutzen der

Lage, in der einer Geld hat und ein andere Geld braucht. Der Erste wird durch nichts gezwungen, es dem Zweiten zu geben, und kann dafür so viel Zins verlangen, wie er will, bis zum Punkt, an dem ein anderer weniger dafür verlangt.

Wozu Zinsen gut oder schlecht sein sollen, müsste also gar nicht begründet werden. Einige behaupten, dass sich wegen des Zinses der Kreditnehmer besser überlegen müsse, wofür er das Geld ausgibt und ob sich sein Projekt wirklich lohnt; deshalb würden zu niedrige Zinsen zu fahrlässigem Handeln führen. Das mag kurzfristig und innerhalb der Maschinenwelt durchaus stimmen.

Auf lange Sicht, zum Beispiel bei einem Kredit zum Kauf eines Eichenwaldes, der erst in hundert Jahren Ertrag liefern wird, muss aber auch das Geld für die Zinsen ausgeliehen und zusätzlich verzinst werden. Durch diesen Zins für die Zinsen summieren sich im Lauf der hundert Jahre die Kosten aber dermassen, dass Eichenholz zuletzt sieben Mal teurer als Tannenholz ist, obwohl es nur doppelt so lange dauert, bis es reif ist zum Schlagen. Das heisst: Je höher der Zins, desto kurzfristiger das Handeln. Und das ist meistens schlecht – besonders für die Bäume.

Mittlerweile haben wir uns an Zinsen gewöhnt. Doppelt so viel zu investieren, damit eine Sache besser ist und doppelt so lange hält, lohnt sich aufgrund der Zinsen nicht mehr. So wurde Qualität zu einem Luxus, der ohne Zinsen gar keiner wäre, denn das Bessere wäre auf lange Sicht tatsächlich auch das Günstigere. Stattdessen leben wir in einer recht billigen Welt, damit nicht allzu viel verzinst werden muss.

Die durch Zinsen entstehende Koppelung von Zeit und Geld treibt uns nicht nur zu immer neuen Erfindungen an, sondern auch zum Verschleiss der Natur. Ein Bauer kann mehr Pachtzins bezahlen, wenn er die Böden auslaugt, und dies setzt den Massstab für alle anderen Bauern, die ihre Böden infolgedessen auch auslaugen müssen, um noch Kredite zu erhalten.

Durch Zinsen wird aus Geld noch mehr Geld, und deshalb müssen sich auch die realen Gegenwerte ständig vermehren. Mehr Autos, mehr Quadratmeter und mehr Brotschneidemaschinen, bis das Material zu teuer wird. Dann wächst das Geld weiter dank mehr Unterhaltung, mehr Spitaloperationen und mehr Steuerberatungen. Das Tempo dieses Wachstums bestimmt aber nicht mehr die Natur, wie früher auf dem Feld, auch nicht die realen Bedürfnisse der Menschen, sondern die Höhe der Kapitalrendite, und diese misst sich an den neuen industriellen Möglichkeiten, Mehrwerte zu schaffen und Gewinne zu erzielen.

Ob es sich bei dem Mehr an Werten tatsächlich um einen Mehrwert handelt, ist eine Frage der Einschätzung. Deshalb ist Marketing ein zentraler Teil der Industrie, denn die Wertschätzung muss erst künstlich erzeugt werden. Selten sind Produkte so nützlich, dass sie allein schon deswegen gekauft werden.

So wächst seit etwas zweihundert Jahren in zunehmender Geschwindigkeit ein Gebilde heran, genährt durch den Verbrauch von fossiler Energie und vorangetrieben durch ständige Innovation, dessen innerer und weltumspannender Massstab nicht unbedingt der Nutzen, sondern die Rendite ist.

Der Grund, warum Nutzen und Rendite nicht dasselbe sind, liegt in der Beschränkung des Rechnungshorizontes. Denn wenn alle Nebenkosten, jeder Verlust von Natur, Gemeinschaft, traditionellem Wissen oder anderen Lebensqualitäten mit eingerechnet würden, sähe die Rechnung ganz anders aus. Heute besteht Rendite nur teilweise aus Mehrwert. Im übrigen jedoch aus Raubbauerträgen. Es stecken aber meistens keine böswilligen Räuber dahinter, sondern beispielsweise verantwortungsvolle Pensionskassenmanager, von denen keiner schlechter als der andere sein möchte.

Auf dem Flug nach Südafrika erwachte ich direkt über dem Äquator. Der Blick nach unten zeigte für die nächsten Stunden eine natürliche Landschaft voller mäandernder und verästelter Flüsse, überschwemmter Gebiete und Buschwälder. Schönheit und Vielfalt war auch von Weitem offensichtlich und berührend.

Plötzlich erschien eine gerade Linie. Sie hatte manche Knicke und teilte sich plötzlich in zwei. Weitere kamen hinzu. Zu den Linien erschienen auf einmal mehrere rechteckige Flächen. Immer mehr von der ursprünglichen Natur wurde ersetzt und zugedeckt durch Linien und Rechtecke. Schliesslich verlor das Flugzeug an Höhe, und manche dieser rechteckigen Felder veränderten ihre Farbe von Korngelb oder Grün zu Blechsilbrig. Bis zuletzt, kurz vor der Landung, hielt sich dieses Rastermuster in verschiedenen Farben und Grössen, gefüllt mit Feldern, Fabriken, Einkaufszentren, Einfamilienhäusern und Slumhütten. Das Bild wirkte ziemlich erdfremd, monoton und eigentlich nicht lebensfähig. Von ganz nah, einige Zeit nach der Landung, erschienen in den Häusern noch kleinere leuchtende Rechtecke, Bildschirme,

Landschaft in Afrika

Landwirtschaft USA

auf denen manchmal wieder bewegte Bilder von wilden Flüssen, Elefanten und Löwen zu sehen waren.

Die Natur verlangt von sich selbst keine Zinsen und hat deshalb Zeit, in der Landschaft herumzuschlängeln. Das Leben ist einfach da, um sich der Zeit hinzugeben, sich auszubreiten und dann wieder zu vertrocknen oder überschwemmt zu werden. Der Blick vom Flugzeug aus auf diese gerasterte Welt, die versucht, den schnellsten Weg, die grösste Rendite und die höchste Kontrolle zu finden, wirkt diesem Leben gegenüber gierig und ängstlich.

Geld und Maschinen stehen beide unter Vermehrungszwang und schaukeln sich gegenseitig ohne Rücksicht auf Verluste weiter hoch. Die wachsenden Kapitalberge, die dabei entstehen, sind gross und sehr ungleich verteilt. Auch das zeigte das Rasterbild vom Flugzeug aus deutlich. Einige Felder waren sehr sehr klein und nur mit Wellblech belegt, andere etwas grösser und mit Ziegeln bedeckt, dritte mit Ziegeln und kleinem Garten, und so ging es weiter bis zu den ganz grossen Villen mit grossem Garten, Swimmingpool und mehreren Autos.

An der materiellen Zwangsvermehrung der Welt nehmen anscheinend nicht alle gleichermassen teil. Die laufende Kapitalvermehrung treibt diejenigen, die schon Kapital haben, weit nach vorne, und schiebt fast alle anderen noch weiter nach hinten. Denn alle diejenigen, die weniger besitzen, als sie zum Wohnen und Arbeiten brauchen, müssen die Differenz verzinsen, während umgekehrt all diejenigen, die mehr besitzen, als sie selbst benutzen, auf diesem Teil Zinsen erhalten, wodurch sich die Differenz exponentiell verstärkt.

Das ist katastrophal, weil Systeme kollabieren, wenn sie das Gleichgewicht verlieren. Unsere Buchführung hat scheinbar versagt. Nicht wegen des Buchführungssystems an sich und auch nicht wegen des Geldes oder der Maschinen, sondern weil wir im Laufe der Entwicklung nicht realisiert haben, dass Geld kein Produkt ist und dass Maschinen keine Menschen sind. Wir können mit

Geld ein Brot kaufen, aber Geld *ist* kein Brot. Wir können menschliche Arbeit durch Maschinen ersetzen, aber Menschen *sind* keine Maschinen. Und weil wir all das nicht bemerkt haben, sind wir dem schrecklichen Trugschluss verfallen, dass Menschen wie Maschinen seien, die Geld produzieren sollen.

Menschen sind das, was Automaten nicht sind

Seit Urzeiten steht die menschliche Arbeitsleistung als fester Anker im allgemeinen Wertgefüge. Auf ihrer Grundlage können alle Preise berechnet und verglichen werden, auch wenn sie mehr und mehr von Maschinen erledigt wird. Das funktioniert zu Beginn eines Industrialisierungsprozesses recht gut. Man kann fragen, wie viel menschliche Arbeit diese oder jene Maschine einspart und wie sich dadurch die Lohnstückkosten verändern. Damit setzt eine Dynamik ein, die sich selbst beschleunigt. Sobald die ersten Maschinen gegen die Menschen gewinnen und die Arbeit schneller und günstiger machen, bleibt den frei gewordenen Arbeitskräften, weil sie noch immer lohnabhängig sind, nichts anderes übrig, als weitere Maschinen zu bauen. Das geht so weiter bis zu dem Tag, an dem sie eine Maschine herstellen, die selbst wiederum Maschinen herstellt. Jetzt sind theoretisch alle Arbeiter von der Plackerei befreit. Einige von ihnen sind mit der hochinteressanten Planung dieser Automatisierungsprozesse beschäftigt. Die übrigen Arbeiter könnten etwas anderes tun oder den Blick aufs Blumenfeld geniessen. Weil sie aber weder am Eigentum noch an der Organisation der neuen Automaten beteiligt sind, fehlt ihnen das Anrecht auf deren Ertrag, und das bringt sie in Existenznot.

Diese Not ist so alt wie die Industrialisierung. Die Maschinenstürmer wollten schon vor zweihundert Jahren das Problem durch die Zerstörung der Maschinen aus der Welt schaffen, und hundert Jahre später erkannte auch Henry Ford, dass er von seinem Maschinenertrag wieder so viel an seine Arbeiter verteilen musste, dass sie sich selbst aus ihrem Lohn auch die Produkte kaufen konnten, womit das prinzipielle Problem nicht gelöst, aber noch längere Zeit aufgeschoben werden konnte.

Einen weiteren Aufschub erhielt das Problem dadurch, dass die, durch Maschinen wegrationalisierten Arbeitsplätze, teilweise ersetzt wurden durch Kopfarbeitsplätze. Aber genau so, wie die meisten Muskelarbeitsplätze durch die Mechanisierung aufgelöst wurden, werden in den nächsten fünfzig Jahren die meisten Kopfarbeitsplätze durch die Digitalisierung überflüssig. Denn jede Kopfleistung, welche nicht mehr tut als nach bereits bekannten Verfahren bereits bekanntes Wissen zu verarbeiten, wird ersetzt werden. Und wenn wir ehrlich sind, leisten wir in den allermeisten Fällen nicht viel mehr als das. Mit Blick auf die Fähigkeit von maschinellen Übersetzerprogrammen, welche nach zehn Jahren immer noch jämmerlich-lustige Sätze produzieren, könnte man daran zweifeln. Es ist aber Tatsache, dass sich die Leistung der Digitaltechnik exponentiell entwickelt und wir gerade erst am Anfang stehen. Was sich daraus in den nächsten vierzig Jahren entwickeln wird, können wir uns kaum vorstellen, obwohl es uns unmittelbar bevorsteht.

Angenommen, eines Tages würde alle physische und geistige Arbeit durch Vollautomaten geleistet, dann würde alles Geld wie bei einem Riesenmagneten bei diesen Vollautomaten landen, und ganz schnell würde alles

Wirtschaften zum Erliegen kommen, weil gar kein Geld mehr bei den Menschen ankommt. Alles Geld wäre eingefangen auf der Investitions- und Renditeebene der Maschinenwelt und müsste deshalb so schnell wie möglich wieder durch Sozialbeiträge oder Konsumverschuldung verteilt werden, damit sich die Produkte des Vollautomaten verkaufen lassen. Ansonsten bricht die Bilanz zusammen, denn schliesslich besteht der Wert einer Anlage aus der Rendite, und diese besteht aus den Verkäufen an die Konsumenten.

Die doppelte Buchführung ist durch die Automaten auseinandergefallen. Maschinen produzieren, Menschen konsumieren. Investitionen rentieren sich, Konsumenten sind verschuldet. Anstatt die Erträge der Maschinen in den Konsumkreislauf zu verteilen, wird versucht, aus Menschen Investitionsgüter zu machen. Jeder soll selbst auch ein bisschen eine produzierende Maschine werden, indem er Kredit aufnimmt und in seine Ausbildung investiert um schliesslich Rendite abzuwerfen. Aber das funktioniert nicht. Der Mensch ist keine programmierbare Maschine, und im Gegensatz zur definierbaren Maschinenarbeit gibt es bei der menschlichen Arbeit eine unlösbare Frage, nämlich den Preis für ihre Leistung.

Wenn alles Determinierbare automatisiert ist, bleibt dem Menschen das Unberechenbare. Das, wovon zu Beginn der Arbeit noch nicht klar ist, was später das Produkt sein wird. Und damit lässt sich weder richtig Handel treiben noch Investitionen und Erträge planen. Wie hoch ist der Preis für eine Idee? Entspricht der Preis den Lebenskosten des Erfinders, bis er die nächste Idee hat? Was passiert, wenn es gar keine so gute Idee gewesen ist? Oder, falls es eine sehr nützliche Idee gewesen ist: Entspricht der Preis dem Gewinn, welcher durch diese Idee realisiert werden kann? Wie werden bei einer Idee die Vorleistungen, also die gesamten kulturellen Voraussetzungen, welche die Idee erst ermöglichten, verrechnet? Und vor allem: Wie und an wen soll die Idee dann verkauft werden? Wie wir gesehen haben, können Ideen nicht in Flaschen gefüllt und einzeln verkauft werden, denn kaum sind sie geboren, kann sie im Prinzip jeder nutzen.

Wie hoch ist der Preis für die Landschaftspflege, für die Erziehung oder für die Therapie eines Patienten? Entspricht dieser Preis der zukünftigen Mehrleistung des Genesenen? Wer bezahlt an wen, falls er stirbt? Und wann können die Früchte der Erziehung geerntet und verrechnet werden? Wer gibt bis dahin Kredit, und an wen verkauft man die fertig erzogenen Kinder, um den Kredit zurückzuzahlen?

Über Preise lässt sich so wenig streiten wie über Geschmack. Preise ergeben sich immer im konkreten Falle, im Austausch auf dem Markt, und messen sich an den Wünschen der Interessenten und an den Alternativen, diese zu erfüllen. Das Problem ist, dass auf einem Markt eigentlich nur fertige Produkte oder zumindest genau vordefinierte Leistungen gehandelt werden können. Nur so können die Tauschpartner wissen, worauf sie sich einlassen, und nur dann können sie Alternativen prüfen und so das Marktgeschehen in Gang bringen.

So betrachtet, gleicht der sogenannte Arbeitsmarkt entweder einem Sklavenhandel, wobei Mitarbeiter nur als «Maschinen für komplexere Aufgaben» im Wettrennen gegen andere Maschinen gehandelt werden, oder er gleicht einem Spielkasino, in dem immer wieder auf neue Mitarbeiter gesetzt wird, in der Hoffnung, dabei einen besonders Kreativen zu gewinnen.

Ungefähr so müsste ein wirklich kapitalistischer Arbeitsmarkt beschrieben werden. Tatsächlich besteht unsere Welt aber weiterhin aus Mitmenschen, Arbeitskollegen, Nachbarn, Freunden, Mitarbeitern, Mietern, Tagesmüttern, Buchhaltern und Lektorinnen. Sie alle sind in ständigem Austausch miteinander verbunden und versuchen, einen Zustand der Zufriedenheit für möglichst viele zu finden. Das ist auch eine Art Markt. Es ist der viel wirklichere Markt der Gegenwart. Sein Ziel ist nicht Rendite, sondern Austausch und Befriedigung und das Mittel dazu, ist Vertrauen.

Ökonomie für Erwachsene

Es kommt mir vor, als neigte sich eine Phase, die in ihren Eigenschaften stark an die Pubertät erinnert, nach zehntausend Jahren ihrem Ende zu. Ich will nicht sagen, dass die Kindheit davor nur paradiesisch war. Aber offensichtlich haben wir uns damals von dem Einssein mit der Natur getrennt und damit begonnen, uns selbst eine Welt zu bauen. In der Zwischenzeit sind wir enorm gewachsen (sieben Milliarden Erdenbewohner), haben grosse intellektuelle Fähigkeiten aufgebaut (Technik), Banden gebildet und herumgepöbelt (Klassen, Staaten und Kriege), haben uns immer wieder für ein neues Thema begeistert (Pyramiden, Mondflug), haben plötzlich die soziale Ader entdeckt (Demokratie, Sozialstaat) und dann wieder den Verstand verloren (Weltkriege), hatten ein stressiges Verhältnis zwischen Männern und Frauen (Gewalt) und haben unsere Umwelt bis an den Rand des Zusammenbruchs ausgereizt. Genau so wie das Pubertierende tun.

Und nun stehen wir das erste Mal in der Geschichte an dieser Umweltgrenze ohne Ausrede, ohne Erziehungsberechtigte, und ohne Fluchtmöglichkeit, denn es gibt nur diese eine Erde, die jetzt rundherum zusammenhängt. Normalerweise ist das der Moment, um erwachsen und selbstständig zu werden, Verantwortung zu übernehmen und für das Ganze zu denken.

In den vergangenen Jahrhunderten haben wir drei Gewohnheiten angenommen, deren berechtigte Zeit, wie mir scheint, nun vorbei ist. Wir glauben noch immer, dass erstens Einkommen der Ertrag aus früherer Arbeitsleistung sei, dass zweitens Geist, ähnlich wie Dinge, einen Eigentümer haben könne und dass sich drittens Kapital beständig vermehren müsse.

Hinter der ersten Gewohnheit, dass Einkommen der Ertrag aus früherer Arbeit sei, steht das Bild von fleissigen Handwerkern und Bauern, die Produkte erzeugen, welche sie auf dem Marktplatz an Kunden verkaufen, um mit diesem Geld durch Tausch ihre eigenen Bedürfnisse zu befriedigen. Arbeit gegen Geld für Essen. So heisst in etwa die Formel, die auch den Lohnabhängigen der Industriegesellschaft ein trügerisches Gefühl von individueller Selbstversorgung vermittelt.

Unabhängigkeit und Selbstbestimmung sind die Kräfte, die Jugendliche dazu bringen, zu wachsen und von zu Hause auszuziehen. Beim Erwachsenwerden zeigt sich jedoch schnell, dass es im Äusseren keine Unabhängigkeit gibt, dass jeder Mensch von anderen und für andere lebt und arbeitet, und dies sogar umso stärker, je komplexer und spezialisierter eine Gesellschaft organisiert ist. Mehr Arbeitsteilung heisst mehr Abhängigkeit von anderen. Doch genau das bewirkt mehr Selbstbestimmung um seine eigenartigsten Fähigkeiten auszuleben und sich zu spezialisieren. Das geht ja nur dann, wenn andere Menschen alles Übrige für einen erledigen. In der Summe geht das in etwa auf, denn gesunde Menschen lieben es, sinnvolle Sachen zu machen und sie sind so verschieden, dass nicht alle dasselbe tun wollen.

Selbstbestimmung bedingt folglich, von anderen abhängig zu sein. Oder anders gesagt: Selbstbestimmung ist etwas, was man sich gegenseitig ermöglichen muss, etwas, was man seiner Umgebung verdankt.

Das Modell des bedingungslosen Grundeinkommens ist ein konsequenter Weg, jedem Bürger diese Selbstbestimmung zu ermöglichen. Es löst den lebensnotwendigen Teil des Einkommens von jeglichen Bedingungen. Man muss dafür weder arbeitslos noch ein staatlich anerkannter Sozialfall sein. Man darf auch Kind sein, ohne seine Eltern in finanzielle Sorgen zu stürzen. Und man darf über den Grundbedarf hinaus auch noch zusätzlich Geld verdienen. Man hat aber auch die Möglichkeit, Jobs abzusagen und Nein zu sagen. Erwachsene braucht man nicht mehr zur Arbeit zu zwingen. Sie entscheiden selbst, was sie tun wollen, und gemäss einer Umfrage wissen interessanterweise 80 Prozent der Befragten genau, was sie arbeiten würden, wenn sie ein bedingungsloses Grundeinkommen hätten. (Die meisten übrigens dasselbe wie bisher, nur mit einem souveräneren Gefühl). Dieselben Befragten trauen aber nur 20 Prozent ihrer Mitmenschen zu, dass diese ebenfalls mit dieser Selbstbestimmungsmöglichkeit sinnvoll umzugehen wüssten. Positiv betrachtet bedeutet das, dass sich die meisten Menschen doch schon als erwachsen einschätzen, sodass es jetzt nur noch eines kleinen logischen Umkehrschluss bedarf, um auch seine Mitmenschen als Erwachsene anzuerkennen.

In der Schweiz hoffen derzeit viele auf den Umkehrschluss ihrer Mitbürger, denn es wird eine Volksabstimmung über die Einführung des bedingungslosen Grundeinkommens stattfinden.

Hinter der zweiten Gewohnheit, dass Ideen, ähnlich den Dingen, einen Eigentümer haben könnten, steht der Rückschluss aus der ersten Gewohnheit, dass die Früchte meiner Arbeit mir gehören und mein Einkommen bilden. Dies zu hinterfragen braucht Sorgfalt, denn natürlich ist geistige Arbeit anstrengend und ihre Produkte können äusserst wertvoll sein. Beim genaueren Hinsehen wird jedoch deutlich, dass Daten oder Ideen keine Dinge wie zum Beispiel Früchte sind. Und es wird deutlich, dass Dinge in ihrer Anzahl begrenzt sind und im Falle der Früchte aufgegessen werden. Daten, Wissen und Ideen hingegen, kann jeder gleichzeitig besitzen und benutzen, wobei sich Ideen durch ihren Gebrauch sogar vermehren.

Die Vorstellung, dass die Früchte meiner Arbeit mir gehören, wird unserer Informationsgesellschaft problematisch, denn es sind nur noch wenige Menschen direkt mit der Produktion von echten Früchten beschäftigt. Die wichtigsten Produktionsmittel bestehen heute aus Wissen, Daten und Ideen, und wenn diese der Allgemeinheit vorenthalten und künstlich zurückgehalten werden, hat die übrige Welt nicht mehr die Möglichkeit, sich mündig und selbstständig einzubringen.

Eine Alternative dazu ist die wirtschaftliche Unterscheidung von Daten und Dingen, von Wissen und Können und von Teilen und Tauschen, wie sie in der Open-Source-Bewegung praktiziert wird. Ersteres, Daten und Wissen, soll sich so frei wie Blütenstaub und allgemein wie möglich mitteilen und verbreiten, denn der Geist ist von Natur aus unbegrenzt. Zweiteres, Dinge und Können, soll so sorgsam und gezielt wie möglich getauscht und eingesetzt werden, denn Materie, Energie und Leistungen sind nur begrenzt vorhanden. Dieses Prinzip entspricht dem Leben, wie es sich überall in der Natur abspielt. Es ist verschwenderisch in der Vielfalt, möglichst grosszügig in der Weitergabe der Gene und zugleich wundersam haushälterisch im Umgang mit knappen Ressourcen. Zwischen diesen Polen bewegt sich alles Lebendige und schafft es, aus der Knappheit viel Schönes wachsen zu lassen, vorausgesetzt, jede Zelle und jedes Individuum wird von der Umwelt mit den nötigen Nährstoffen versorgt.

Durch die zwei genannten Alternativen zu den ersten beiden überholten Gewohnheiten, wird sich auch die dritte Gewohnheit, nämlich dass sich Kapital vermehren müsse, von selbst ändern. Wenn es uns gelingt, das Wissen aus der Kapitalisierung zu befreien und damit für die Zukunft zu erhalten und weiterzuentwickeln, und wenn es uns gelingt, die Erträge der Automaten ohne einschränkende Bedingungen zu verteilen, dann kann die Buchführung wieder das Gleichgewicht finden. Vielleicht könnte das gelingen, wenn Geld nicht mehr durch Kredite, sondern durch Einkommen geschöpft wird. Es könnte dadurch die Gegenwart für eine Zukunft zurückerobert werden, die befreit ist von der Hypothek veralteter Renditevorstellungen. Und in dieser Zukunft, deren neues Kapital die unbegrenzt vorhandenen Daten und Ideen sind, bräuchten auch keine Raubzüge und Verteilungskriege mehr das Leben zu stören. Es könnte eine friedliche Zukunft sein, in der sich Menschen wieder frei und selbstständig aus dem Gegenwärtigen heraus bewegen können.

Nachwort

Die Grundgedanken dieses Buches habe ich im Anschluss an meine Erfahrung mit der computergesteuerten Fräsmaschine erstmals vor zwanzig Jahren formuliert. Später führten Diskussionen über das bedingungslose Grundeinkommen zu dem Impuls, dieses Buch tatsächlich zu schreiben. Ich vertrat die Ansicht, dass die Idee des bedingungslosen Grundeinkommens eine ganz logische Entwicklung aus den technischen Gegebenheiten darstelle und nur dann gut funktioniere, wenn gleichzeitig über «geistiges Eigentum» neu nachgedacht werde.

Das Manuskript entstand schon vor einigen Jahren. Die Themen haben sich seither verdichtet. In der Schweiz ist die Volksinitiative «Für ein bedingungsloses Grundeinkommen» zustande gekommen, und es wird zunehmend über die Folgen der Digitalisierung debatiert.

Ich danke allen kritischen Manuskriptlesern und Lektoren, welche dieses Buch über längere Zeit haben reifen lassen. Nun steht es für alle, die gerne über die Welt nachdenken, als Beitrag zur Verfügung.

Georg Hasler, Sommer 2015

Autor

Georg Hasler ist ursprünglich Geigenbauer und lebt mit seiner Familie in Basel. Er arbeitet als Unternehmer im kulturellen und sozialen Feld und ist als Stiftungsrat in den Bereichen Musik und Bildung tätig.

Druck: Canon Deutschland Business Services GmbH
Ferdinand - Jühlke - Str. 7· 99095 Erfurt